目 录

第一部分 消防安全技术综合能力考前冲刺试卷 …………… 1
　一、单项选择题…………………………………………… 1
　二、多项选择题………………………………………… 24
第二部分 消防安全技术综合能力考前冲刺试卷
　　　　　参考答案及解析 ……………………………… 31
　一、单项选择题………………………………………… 31
　二、多项选择题………………………………………… 57

使用微信扫码，可免费在"火焰蓝消防课堂"微信公众号的"增值服务"栏目，再领取一套考前押题试卷

第一部分
消防安全技术综合能力
考前冲刺试卷

一、单项选择题(共80题,每题1分。每题的备选项中,只有1个最符合题意)

1. 某单位为缓解地下停车位紧张,利用部分消防车道作为停车位,导致消防车道净宽度仅为3.4 m。根据《中华人民共和国消防法》,消防部门在责令该单位改正的同时,应当并处(   )。

A. 5 000元以上50 000元以下罚款

B. 10 000元以上100 000元以下罚款

C. 10 000元以上50 000元以下罚款

D. 5 000元以上10 000元以下罚款

2. 某消防施工单位对已安装的消防水泵进行调试,水泵的额定流量为30 L/s,扬程为110 m,系统工作压力为1.1 MPa。下列调试结果符合《消防给水及消火栓系统技术规范》的是(   )。

A. 自动直接启动消防水泵时,消防水泵在58 s时投入正常运行

B. 以备用电源切换方式启动消防水泵时,消防水泵在2 min时投入正常运行

C. 消防水泵零流量时，出口压力为 1.4 MPa

D. 消防水泵出流量为 45 L/s 时，出口压力为 0.7 MPa

3. 王某因过失引起火灾，造成他人财产直接经济损失 40 万元，但情节尚未构成犯罪。根据《中华人民共和国消防法》的有关规定，可依法对王某予以处罚。下列处罚中，正确的是（　　）。

A. 处 5 日以上 10 日以下拘留，可并处 500 元以下罚款

B. 处 10 日以上 15 日以下拘留，可并处 500 元以下罚款

C. 处 3 万元以上 30 万元以下罚款

D. 处 5 日以下拘留，并处 500 元以下罚款

4. 某地上 3 层厂房，一层至三层设计疏散人数分别为 100 人、120 人和 140 人，设置有 2 部敞开楼梯间，相关人员均通过首层外门进行疏散，则首层外门的疏散总净宽度不应小于（　　）m。

A. 1.12　　　B. 1.2　　　C. 1.4　　　D. 0.8

5. 钢结构是不燃性构件，其耐火性能比较差。下列对钢结构采取的防火涂料保护措施中，正确的是（　　）。

A. 耐火极限 2.00 h 的钢梁使用非膨胀型防火涂料保护

B. 非膨胀型防火涂料涂层厚度为 8.7 mm

C. 室内隐蔽的钢结构使用膨胀型防火涂料

D. 非膨胀型防火涂料涂层最薄处的厚度为设计厚度的 80%

6. 某生产企业作业班长李某为赶生产进度，严重违反有关生产、作业的安全管理规定，导致生产过程中突然发生爆炸，造成 20 人死亡、170 人重伤，直接经济损失 2 亿元。根据《中华人民共和国刑法》规定，李某犯重大责任事故罪，情节特别恶劣，应处以（　　）。

A. 三年以上七年以下有期徒刑

B. 五年以上十年以下有期徒刑

C. 五年以上有期徒刑

D. 三年以下有期徒刑或者拘役

7. 下列场所不应设置在民用建筑地下部分的是（　　）。

A. 某建筑面积为 550 m² 的电影院观众厅，未设置自动喷水灭火系统

B. 某老年人照料设施中的康复用房，建筑面积为 150 m²

C. 某建筑面积为 600 m²、耐火等级为一级的酒店会议厅，设置了自动喷水灭火系统和火灾自动报警系统

D. 采用相对密度为 0.68 的可燃气体为燃料的锅炉

8. 某大型化工企业厂区计划设置甲醇储罐区。气象部门资料显示，当地的最大频率风向为西北风，最小频率风向为西南风。在其他条件均满足规范要求的前提下，甲醇储罐区宜设置在当地的（　　）。

A. 西北侧　　B. 西南侧　　C. 东南侧　　D. 东北侧

9. 根据《机关、团体、企业、事业单位消防安全管理规定》，下列关于消防安全管理人及其职责的说法，错误的是（　　）。

A. 消防安全管理人对单位的消防安全责任人负责

B. 实施和组织落实单位消防安全责任人委托的其他消防安全管理工作

C. 确保疏散通道和安全出口畅通

D. 为本单位的消防安全提供必要的经费和组织保障

10. 某耐火等级为二级的单层沥青加工厂房，建筑平面为"山"形，建筑面积为 6 000 m²，根据消防安全管理相关规定，厂房相邻两翼之间最近水平距离（　　）。

A. 不宜小于 4 m　　　　　　B. 不宜小于 6 m

C. 不宜小于 10 m　　　　　 D. 不限

11. 根据《火灾自动报警系统施工及验收标准》，下列管路需要设置接线盒的是（　　）。

A. 管路长度为 24 m，无弯曲

B. 管路长度为 19 m，有 1 个弯曲

C. 管路长度为 8 m，有 2 个弯曲

D. 管路长度为 21 m，有 1 个弯曲

12. 根据《中华人民共和国消防法》的规定，下列不属于机关、团体、企业、事业等单位应当履行的消防安全职责的是（　　）。

A. 确定消防安全管理人，组织实施本单位的消防安全管理工作

B. 按照国家标准、行业标准配置消防设施、器材，设置消防安全标志，并定期组织检验、维修，确保完好有效

C. 落实消防安全责任制，制定本单位的消防安全制度、消防安全操作规程，制定灭火和应急疏散预案

D. 组织进行有针对性的消防演练

13. 某商业综合体建筑，第五层部分区域设置有电影院。对该电影院进行消防安全检查时，下列检查结果符合规范要求的是（　　）。

A. 电影院和其他区域采用耐火极限 2.00 h 的防火隔墙分隔，隔墙上开设乙级防火门

B. 观众厅的建筑面积为 100～450 m^2 不等

C. 建筑面积为 100 m^2 的 VIP 尊贵观影包间设置 1 个疏散门通向疏散通道

D. 电影院有 1 部独立疏散楼梯和 2 部与其他区域共用的疏散楼梯保证人员安全疏散

14. 下列关于干粉灭火系统模拟喷放试验的说法，错误的是（　　）。

A. 模拟喷放试验采用干粉灭火剂和自动启动方式,干粉用量不少于设计用量的 20%

B. 当现场条件不允许喷放干粉灭火剂时,可采用惰性气体

C. 采用的试验气瓶须与干粉灭火系统驱动气体储瓶的型号、规格、阀门结构、充装压力、连接与控制方式一致

D. 试验时应保证出口压力不低于设计压力

15. 王某取得了国家一级注册消防工程师资格证书,受聘于某消防安全重点单位并依法注册。根据《注册消防工程师管理规定》,王某在一个年度内应当至少签署（　　）个消防安全技术文件。

　　A. 4　　　　B. 3　　　　C. 1　　　　D. 2

16. 某单位对自动喷水灭火系统进行试压时,系统工作压力为 1.1 MPa,其气密性试验压力应为（　　）MPa。

　　A. 1.65　　　B. 1.1　　　C. 0.28　　　D. 0.14

17. 某城市新建一处商业建筑群,采用有顶棚的步行街连接,步行街两侧建筑耐火等级为二级,建筑高度为 22 m。对该步行街进行消防安全检查,下列检查结果中符合现行《建筑设计防火规范》要求的是（　　）。

A. 步行街两侧商铺面向步行街一侧的围护构件局部采用耐火完整性和耐火隔热性 1.00 h 的防火玻璃墙,墙上开设乙级防火门

B. 步行街总长度为 300 m,宽度为 7 m

C. 步行街两侧商铺在上部各层设置回廊和连接天桥,实测步行街上部各层楼板的总开口面积为步行街地面面积的 35%

D. 步行街顶棚设置自然排烟设施,且常开式自然排烟口的有效面积是步行街地面面积的 20%

18. 根据《机关、团体、企业、事业单位消防安全管理规定》,消防安全重点单位应当建立健全消防档案,记录消防安全基本情况和消防安全管理情况。下列不属于消防安全重点单位消防安全基本

情况的是（　　）。

A. 消防管理组织机构和各级消防安全责任人

B. 消防设施、灭火器材情况

C. 与消防安全有关的重点工种人员情况

D. 消防救援机构填发的各种法律文书

19. 对某单位进行气体灭火系统检查，根据《气体灭火系统设计规范》，以下检查结果存在问题的是（　　）。

A. 喷头安装高度为 1.4 m，保护半径为 4.5 m

B. 有 13 个防护区采用组合分配系统，其中一个组合分配系统所保护的防护区为 8 个

C. 喷头最大保护高度为 6.5 m，最小保护高度为 0.3 m

D. 同一防护区设计了 2 套管网，系统启动装置分别设置，集流管共用

20. 在对气体灭火系统管网进行气压强度试验时，下列操作符合规定的是（　　）。

A. 试验时，应逐步缓慢增加压力，当压力升至试验压力的 50% 时，如未发现异状或泄漏，继续按试验压力的 10% 逐级升压，每级稳压 3 min，直至试验压力。保压检查管道各处无变形、无泄漏为合格

B. 试验时，应逐步缓慢增加压力，当压力升至试验压力的 50% 时，如未发现异状或泄漏，继续按试验压力的 10% 逐级升压，每级稳压 5 min，直至试验压力。保压检查管道各处无变形、无泄漏为合格

C. 试验时，应逐步缓慢增加压力，当压力升至试验压力的 30% 时，如未发现异状或泄漏，继续按试验压力的 10% 逐级升压，每级稳压 3 min，直至试验压力。保压检查管道各处无变形、无泄漏为合格

D. 试验时，应逐步缓慢增加压力，当压力升至试验压力的

30%时,如未发现异状或泄漏,继续按试验压力的10%逐级升压,每级稳压5 min,直至试验压力。保压检查管道各处无变形、无泄漏为合格

21. 某检测单位对甲、乙两栋办公楼进行火灾自动报警系统质量检测,检测项目甲办公楼120项、乙办公楼100项。检查项目结果如下:甲办公楼A类不合格项目=0,B类不合格项目=0,C类不合格项目=6;乙办公楼A类不合格项目=0,B类不合格项目=2,C类不合格项目=3。下列关于其火灾自动报警系统质量判定的说法,正确的是( )。

A. 甲、乙办公楼均合格
B. 甲、乙办公楼均不合格
C. 甲办公楼合格,乙办公楼不合格
D. 甲办公楼不合格,乙办公楼合格

22. 某工厂一个单层、二级耐火等级的大豆油精炼部位,其周边布置有多个二级耐火等级的建筑和储罐。下列关于该工厂防火间距的检查结果中,不符合规范要求的是( )。

A. 与大豆油浸出车间(建筑高度8 m)的防火间距为12 m
B. 与为精炼部位服务而单独设置的生活用房(建筑高度15 m)的防火间距为8 m
C. 与燃煤锅炉房(建筑高度7 m)的防火间距为15 m
D. 与变压器总油量为30 t的室外变、配电站(建筑高度6 m)的防火间距为12 m

23. 根据现行国家标准《建筑设计防火规范》,下列关于建筑内的疏散门的设置要求,说法错误的是( )。

A. 多层的桐油制备厂房,第二层车间内同时工作人数为55人,设置2个双向弹簧门
B. 高层医院病房楼,位于2个安全出口之间的病房,建筑面

积为 70 m²，使用人数为 16 人，设置 1 个向内开启的平开门

C. 3 层幼儿园，位于走道尽端的舞蹈室，建筑面积为 40 m²，设置 1 个净宽度为 1.2 m 的疏散门

D. 高层办公楼，位于袋形走道两侧的会议室，建筑面积为 105 m²，设置 1 个向疏散方向开启的疏散门

24. 下列厂房和仓库的防火分区划分，符合现行《建筑设计防火规范》要求的是（　　）。

A. 占地面积 8 000 m²、耐火等级二级的单层橡胶制品胶浆车间，未设置自动灭火系统，使用耐火极限 4.00 h 的防火墙平均划分为 2 个防火分区

B. 占地面积 10 000 m²、耐火等级二级的多层服装加工厂房，设置自动灭火系统，每层 1 个防火分区

C. 占地面积 5 000 m²、耐火等级一级的多层润滑油仓库，设置自动灭火系统，每层使用耐火极限 3.00 h 的防火墙平均划分为 4 个防火分区

D. 占地面积 300 m²、耐火等级一级的单层硝化棉仓库，设置自动灭火系统，使用耐火极限 4.00 h 的防火墙平均划分为 3 个防火分区

25. 下列关于细水雾灭火系统冲洗和试压顺序的说法，正确的是（　　）。

A. 试压—冲洗—吹扫　　　　B. 试压—吹扫—冲洗
C. 冲洗—吹扫—试压　　　　D. 冲洗—试压—吹扫

26. 某 7 层商业综合楼，层高均为 4 m。南侧设置了 2 层裙房，且沿南侧长边连续设置了消防车登高操作场地。下列防火检查结果中，符合现行国家标准要求的是（　　）。

A. 在第五层外墙整层设置可破拆的户外广告牌

B. 综合楼与消防车登高操作场地相对应范围内，有 4 个直通

室内防烟楼梯间的入口

C. 综合楼与消防车登高操作场地相对应范围内，有 1 个地下汽车库的出入口

D. 消防车登高操作场地内侧与该商业综合楼外墙之间的最近距离为 10 m，与裙房之间的最近距离为 5 m

27. 某高层综合楼，建筑高度为 78 m，室外消火栓设计流量为 40 L/s，室内消火栓设计流量为 40 L/s，全楼设自动喷水灭火系统，设计流量为 30 L/s，中庭采用自动跟踪定位射流装置，设计流量为 15 L/s，采用消防水池为系统供水，消防水池连续补水量为 80 m^3/h，则消防水池容量不应小于（　　）m^3。

　　A. 732　　　　B. 786　　　　C. 864　　　　D. 972

28. 某城市是著名的中药材集散地，市郊新建一座单层中药材物流建筑，耐火等级一级，其储存区与分拣区之间采用防火墙完全分隔，建筑内设有火灾自动报警系统和自动喷水灭火系统，则其储存区内防火分区最大允许建筑面积不应大于（　　）m^2。

　　A. 1 500　　　B. 3 000　　　C. 4 500　　　D. 6 000

29. 某消防技术服务机构对多层电子信息机房的 IG541 气体灭火系统进行系统功能验收。下列检查方法中，不符合《气体灭火系统施工及验收规范》要求的是（　　）。

　　A. 应进行模拟启动试验，按防护区或保护对象总数（不足 5 个按 5 个计）的 20% 检查，并合格

　　B. 应进行模拟喷气试验，按防护区或保护对象总数（不足 5 个按 5 个计）的 20% 检查，并合格

　　C. 应进行模拟喷气试验，柜式气体灭火装置、热气溶胶灭火装置等预制灭火系统应各取 1 套，并合格

　　D. 应对设有灭火剂备用量的系统进行模拟切换操作试验，全数检查，并合格

30. 气体灭火系统周期性检查与维护中，属于月检查项目的是（ ）。

A. 驱动气体储存容器内的压力，不得小于设计储存压力的 90%

B. 对高压二氧化碳储存容器逐个进行称重，灭火剂净重不得小于设计储存量的 90%

C. 检查可燃物的种类、分布情况以及防护区的开口情况，应符合设计规定

D. 对每个防护区进行一次模拟喷气试验

31. 在对某区域进行消防安全风险评估时，量化得分为 70 分，则该区域的风险等级及风险名称是（ ）。

A. Ⅱ级、中风险   B. Ⅲ级、中风险
C. Ⅱ级、高风险   D. Ⅲ级、高风险

32. 下列关于消防水池和消防水箱施工安装要求的说法，正确的是（ ）。

A. 钢板等制作的消防水池和消防水箱的进出水等管道应加设防水套管

B. 消防水池和消防水箱出水管或水泵吸水管应满足最低有效水位出水不掺气的技术要求

C. 消防水池、消防水箱的溢流管、泄水管应与生产或生活用水的排水系统直接相连

D. 钢筋混凝土制作的消防水池和消防水箱的进出水等管道宜采用法兰连接

33. 根据《防火卷帘、防火门、防火窗施工及验收规范》，下列关于防火卷帘、防火门、防火窗的检查维护的说法中，错误的是（ ）。

A. 每日应对活动式防火窗窗口处进行一次检查

B. 每月应手动启动常闭式防火门，检查防火门开关功能，且无卡阻现象

C. 每季度手动启动活动式防火窗上的控制装置，检查防火窗开关功能，且无卡阻现象

D. 每年应检查活动式防火窗火灾报警联动控制功能、消防控制室手动控制功能、现场手动控制功能

34. 下列厂房或生产部位，可以不设置自动灭火系统的是（　　）。

A. 某玩具厂房，占地面积 1 000 m²，总建筑面积 4 000 m²，共 4 层，二级耐火等级

B. 某木器厂房，占地面积 1 600 m²，总建筑面积 3 200 m²，共 2 层，二级耐火等级

C. 某卷烟厂的半地下包装厂房，建筑面积 500 m²

D. 某皮鞋厂厂房，占地面积 2 000 m²，单层，二级耐火等级

35. 某高层邮政大楼，共 7 层，每层划分为 1 个防火分区、2 个防烟分区。在对建筑内施工完成的防烟排烟系统进行调试时，调试结果不符合现行国家消防技术标准规范要求的是（　　）。

A. 模拟五层发生火灾，该层楼梯间的全部加压送风机启动

B. 模拟七层发生火灾，位于六层、七层前室及合用前室的常闭送风口全部打开，同时开启加压送风机

C. 模拟三层一个防烟分区发生火灾，位于三层的排烟口全部打开

D. 手动关闭排烟风机入口处的排烟防火阀，排烟风机停止运转

36. 某单位拟任命一位消防设施调试负责人，组织有关部门和人员按照各类消防设施的调试需求，按程序开展任命工作。目前拟任人选中，张某为专业技术人员，李某为项目经理，段某为建筑单

位负责人,刘某为施工单位监理工程师。根据规定,消防设施调试负责人应该由( )担任。

A. 刘某　　　B. 段某　　　C. 李某　　　D. 张某

37. 根据《重大火灾隐患判定方法》规定,下列可以不作为重大火灾隐患直接判定要素的是( )。

A. 某歌舞厅安全出口的总净宽度为国家工程建设消防技术标准规定值的 75%

B. 某甲醇仓库与商场的防火间距为国家工程建设消防技术标准规定值的 75%

C. 在商场的四层设置宝宝乐托儿所

D. 在某大型商业中心一层售卖烟花爆竹

38. 下列有关水泵机组的安装要求,正确的是( )。

A. 水泵机组基础的平面尺寸,若无明确资料,无隔振安装时应较水泵机组底座四周各宽出 100~150 mm

B. 水泵机组基础的顶面标高,无隔振安装时应高出泵房地面不小于 0.05 m

C. 泵房内管道管外底距地面的距离,当管径 DN ≤ 150 时,不应小于 0.25 m

D. 水泵吸水管水平段偏心大小头应采用管顶斜接

39. 某地新建一座大型商业综合体建筑,该综合体建筑地下设置人民防空工程。下列关于该人民防空工程避难走道的验收检查结果中,符合现行《人民防空工程设计防火规范》要求的是( )。

A. 避难走道两侧采用耐火极限 3.00 h 的防火隔墙

B. 避难走道与两个防火分区相通,每个防火分区均有两个直通地面的安全出口,避难走道设置一个直通地面的安全出口

C. 避难走道设置前室,防火分区通向前室的门采用甲级防火门,前室通向避难走道的门采用乙级防火门

D. 避难走道内设置有消火栓、应急照明、应急广播和消防专线电话，但未设置自动喷水灭火系统

40. 某民用建筑，底部设有 2 个便民服务点，分别为理发店（建筑面积为 180 m²）、小商店（建筑面积为 350 m²），室外设计地面至平屋面和女儿墙的高度分别为 51.6 m、52.4 m，则该建筑为（　　）。

  A. 一类高层住宅建筑　　　　B. 二类高层住宅建筑
  C. 一类高层公共建筑　　　　D. 二类高层公共建筑

41. 火灾资料统计表明，在有通风、空调系统的建筑内发生火灾时，穿越楼板、墙体的垂直与水平风道是火势蔓延的主要途径，设置防火阀，可以有效阻止火灾通过管道蔓延扩大。下列关于防火阀的检查结果中，符合规范要求的是（　　）。

  A. 风管穿越防火墙一侧设置公称动作温度为 70 ℃的防火阀，防火阀两侧各 2 m 范围内的风管内外壁采取防火保护措施

  B. 酒店厨房的排油烟管道与竖向排风管连接处设置公称动作温度为 70 ℃的防火阀

  C. 建筑变形缝两侧中的一侧设置了公称动作温度为 70 ℃的防火阀，并设置方便维护的检修口

  D. 防火阀在达到动作温度后关闭，未设置自动和手动关闭功能

42. 对机械加压系统的管道设置进行检查，下列结果符合规范要求的是（　　）。

  A. 竖向送风管道与其他管道合用管道井，送风管道的耐火极限为 0.50 h

  B. 送风管道管道井井壁的耐火极限为 1.00 h，井壁上开设丙级防火门

  C. 设置在吊顶内的水平送风管道，耐火极限为 0.50 h

D. 未设置在吊顶内的水平送风管道，耐火极限为 0.50 h

43.《高层民用建筑消防安全管理规定》对高层民用建筑内动用明火作业做出了明确规定，下列说法中不正确的是（　　）。

A. 需要进行明火作业的，均应当按照规定办理动火审批手续，落实现场监护人，配备消防器材

B. 作业人员应当依法持证上岗

C. 高层公共建筑内的商场、公共娱乐场所在营业期间动火施工时，应清除周围及下方的易燃、可燃物，采取可靠的防火隔离措施

D. 不得在具有火灾、爆炸危险的场所使用明火

44. 某消防检测机构对单层独立燃煤锅炉房进行检查，下列检查结果中，不符合规范要求的是（　　）。

A. 该锅炉房与煤堆场之间距离为 7 m

B. 该锅炉房炉前走道的总长度为 10 m，建筑面积为 150 m^2，出入口仅设 1 个

C. 查阅资料知晓该锅炉房耐火等级为三级，总蒸发量为 4 t/h

D. 锅炉房内辅助间直通锅炉间的门向锅炉间外开启

45. 对防火卷帘进行验收时，除了检查防火卷帘的合法性和一致性文件外，还需要进行现场检查。下列关于防火卷帘的现场检查结果中，符合规范要求的是（　　）。

A. 测试防火卷帘启闭运行的平均噪声为 90 dB

B. 防火卷帘卷门机具有依靠防火卷帘自重恒速下降功能，操作臂力为 80 N

C. 防火卷帘电动启、闭的运行速度为 5 m/min

D. 双帘面防火卷帘运行时，两个帘面之间的高度差为 6 cm

46. 某商业中心为坡屋面，室外设计地面标高为 −0.1 m，建筑首层室内地面标高为 ±0 m，室外设计地面至坡屋面屋脊和檐口的

高度分别为 25.5 m、26.5 m，该公共建筑的高度为（　　）m。

A. 25.9　　　B. 26.2　　　C. 26.1　　　D. 26

47. 根据《建筑内部装修设计防火规范》，下列装修材料中，属于 B_1 级装修材料的有（　　）种。

（1）硅酸钙板；（2）难燃胶合板；（3）玻镁板；（4）复合铝箔玻璃棉板；（5）胶合竹夹板；（6）防火塑料装饰板；（7）氯氧镁水泥装配式墙板；（8）PVC 卷材地板；（9）聚四氟乙烯塑料

A. 4　　　B. 5　　　C. 6　　　D. 7

48. 某城市新建一座体育比赛场馆，共 11 000 个座位。对其进行消防验收时，其疏散楼梯的总净宽度不应小于（　　）m。

A. 40.7　　　B. 43　　　C. 47.3　　　D. 35.2

49. 对某医疗建筑进行防火检查，查阅资料得知，该建筑地上 6 层，层高 4.2 m，每层建筑面积 1 200 m²。下列关于该建筑构件耐火极限检查的结果中，不符合规定的是（　　）。

A. 吊顶采用不燃材料制作，耐火极限为 0.25 h

B. 防火分区之间采用耐火极限为 3.00 h 的防火墙

C. 屋顶承重构件采用不燃材料制作，耐火极限为 2.00 h

D. 建筑梁采用不燃材料制作，耐火极限为 1.50 h

50. 下列对建筑的机械排烟系统的验收检查，符合规范要求的是（　　）。

A. 某单层厂房，划分为 2 个防火分区、4 个防烟分区，设置了一套机械排烟系统且沿水平方向布置

B. 排烟风机设置在排烟系统的最高处

C. 某建筑一靠外墙防烟分区，在外墙上设置排烟窗排烟，在远离外墙处设置机械排烟系统排烟

D. 建筑高度为 68 m 的办公楼，共用一套机械排烟系统

51. 某服装加工厂房，地上三层，地下一层，该厂房地下部分的耐火等级最低为（　　）。
   A. 一级　　　　B. 三级　　　　C. 二级　　　　D. 四级

52. 在对某建筑内的自动喷水灭火系统配水管道进行检查时，以下情况中不符合规定的是（　　）。
   A. 配水管道的工作压力为 1.2 MPa
   B. 有部分配水管道采用铜管
   C. 报警阀入口前的管道采用不防腐的钢管，在报警阀前设置过滤器
   D. 水平管道上采用法兰连接，法兰间的管道长度最短的一段为 9.1 m，最长的一段为 20.2 m

53. 某建筑高度为 36 m，耐火等级为一级，地上十一层，地下两层。地上一层和二层为商场，地上三层至十一层为办公区域，地下二层为汽车库，建筑内全部设置了自动喷水灭火系统，该建筑的办公区域和汽车库防火分区的最大允许面积分别为（　　）。
   A. 3 000 m²、2 000 m²　　　　B. 3 000 m²、4 000 m²
   C. 4 000 m²、2 000 m²　　　　D. 4 000 m²、4 000 m²

54. 根据《消防给水及消火栓系统技术规范》规定，市政和室外消火栓安装位置应符合设计要求，且不应妨碍交通，在易碰撞的地点应设置防撞设施。在对此规定执行情况进行检查时，消火栓检查数量应为（　　）。
   A. 按数量抽查 10%，但不应小于 10 个
   B. 按数量抽查 30%，但不应小于 10 个
   C. 按数量抽查 10%，但不应小于 5 个
   D. 按数量抽查 20%，但不应小于 10 个

55. 在对以下厂房的防火分区进行检查时，不符合国家现行标准规定的是（　　）。

A. 某两层电视机装配厂房，耐火等级为一级，高 20 m，设置自动灭火系统，每个防火分区面积为 10 000 m²

B. 某农药厂乐果单层厂房，耐火等级为二级，未设置自动灭火系统，每个防火分区面积为 3 000 m²

C. 某饲料加工厂房，耐火等级为二级，高 23 m，设置自动灭火系统，每个防火分区面积为 5 000 m²

D. 某两层酚醛泡沫塑料加工厂房，耐火等级为四级，设置自动灭火系统，每个防火分区面积不限

56. 在同一灭火器配置场所，当选用两种或两种以上类型灭火器时，应采用灭火剂相容的灭火器。根据《建筑灭火器配置设计规范》，蛋白泡沫灭火剂与（　　）灭火剂，不属于不相容的灭火剂。

A. 碳酸氢钠　　　　　　　B. 碳酸氢钾
C. 氟蛋白泡沫　　　　　　D. 水成膜泡沫

57. 某丙类厂房内设置了丁类中间仓库，下列关于其防火分隔的说法，正确的是（　　）。

A. 采用耐火极限不低于 2.00 h 的防火隔墙和耐火极限不低于 0.50 h 的不燃性楼板与其他部位分隔

B. 采用耐火极限不低于 2.00 h 的防火隔墙和耐火极限不低于 1.00 h 的楼板与其他部位分隔

C. 采用耐火极限不低于 4.00 h 的防火墙和耐火极限不低于 1.50 h 的不燃性楼板与其他部位分隔

D. 采用耐火极限不低于 2.00 h 的防火墙和耐火极限不低于 1.00 h 的不燃性楼板与其他部位分隔

58. 某办公大楼，建筑高度为 54 m，耐火等级为一级，设置火灾自动报警系统。根据《火灾自动报警系统施工及验收标准》，下列关于火灾警报器的相关安装设置，不符合要求的是（　　）。

A. 扬声器距走道末端距离为 12 m

B. 火灾光警报装置安装在楼梯口、消防电梯前室等处的明显部位

C. 火灾光警报装置与疏散指示标志灯安装在同一面墙上，距离为 1.5 m

D. 采用壁挂方式安装的火灾光警报装置底边距地面高度为 2.2 m

59. 某金属钠仓库，耐火等级为一级，地上 1 层。仓库建筑面积为 360 m²，每个防火分区设置一个直通室外的门，仓库内设置了自动灭火设施。该仓库至少应划分为（　　）个防火分区。

A. 2　　　　B. 4　　　　C. 3　　　　D. 5

60. 某单位在编制灭火和应急疏散预案时，相关人员提供了以下资料：（1）消防安全重点部位的平面布局。（2）周围环境。（3）建筑内部的分层情况。（4）人员物资疏散路线。上述资料中，可以作为预案中单位分区平面图资料的有（　　）项。

A. 1　　　　B. 2　　　　C. 3　　　　D. 4

61. 某在建的多层图书馆，施工单位在防火封堵工程完成后组织施工质量自查、自验。下列检查方法中，符合《建筑防火封堵应用技术标准》要求的是（　　）。

A. 用卷尺测量建筑缝隙封堵部位的长度，每个防火分区抽查封堵总数的 30%，且不少于 5 处，每处现场取样 3 个点

B. 用直尺测量建筑缝隙封堵部位的宽度，每个防火分区抽查封堵总数的 20%，且不少于 5 处，每处取 3 个点

C. 检查贯穿孔口防火封堵的深度，每个防火分区抽查封堵总数的 30%，且不少于 5 处，每处取 3 个点

D. 检查贯穿孔口防火封堵的宽度，每个防火分区抽查封堵总数的 20%，且不少于 5 处，每处取 3 个点

62. 某丙类生产车间，设置了自然排烟系统。该生产车间空间

净高 4 m、长 80 m、宽 40 m，则该厂房的防烟分区最大允许面积是（　　）m^2，其长边最大允许长度是（　　）m。

A. 500　36
B. 500　32
C. 1 000　36
D. 1 000　32

63. 某消防控制室内火灾报警控制器（联动型）单列布置，设备长 4.2 m。检查其安装距离，下列符合规范要求的是（　　）。

A. 设备面盘前距墙 2.5 m
B. 设备面盘前距靠墙安装的档案柜 1.4 m
C. 设备面盘后距墙 0.8 m
D. 设备面盘两端距墙 0.6 m

64. 某仓库根据生产需要存放液氯，则该仓库火灾危险性类别至少为（　　）。

A. 甲类　　　B. 乙类　　　C. 丙类　　　D. 丁类

65. 下列关于防烟排烟系统验收的相关说法，正确的是（　　）。

A. 机械防烟系统应测试楼梯间和前室疏散门的门洞断面风速值，做此项测试时，要选取建筑顶部的三层楼分别作为模拟起火层及其上下层，并只开启模拟起火层的疏散门

B. 机械排烟系统性能验收时，要测试排烟口处的风速，做此项测试时，应开启任一防烟分区中最不利的排烟口，待风机启动后进行测试

C. 机械防烟系统验收时，应将楼梯间和前室进行联合测试，验证其相互影响的程度是否符合要求

D. 以上说法均不正确

66. 某铝合金冷加工厂房，地上 2 层，建筑高度 12 m。下列关于该厂房的平面布置，存在火灾隐患的是（　　）。

A. 在一层设置办公室，采用耐火极限 2.50 h 的防火隔墙与其

他部位分隔

B. 在二层设置一个容量为 4 m³ 的润滑油储罐，采用耐火极限 2.50 h 的防火隔墙和甲级防火门与生产部位分隔

C. 在二层中间设置一间铝合金条中间仓库，采用耐火极限 2.00 h 的防火隔墙和 1.50 h 的楼板与生产部位分隔

D. 设置在厂房内的通风机房，采用耐火极限 1.00 h 的防火隔墙和 0.50 h 的楼板与其他部位分隔

67. 下列关于火灾警报装置的验收结果，符合规范要求的是（   ）。

A. 某建筑采用区域火灾自动报警系统，未设置火灾警报装置

B. 每个报警区域内均匀设置火灾警报器，其声压级为 55 dB

C. 某建筑设有火灾报警控制器和消防联动控制器，建筑内火灾声光警报装置由火灾报警控制器控制

D. 某教学楼设置警铃作为火灾声警报器

68. （   ）是促进注册消防工程师行业发展的动力。

A. 奉献社会　　　　　　　B. 公平竞争

C. 提高技能　　　　　　　D. 客观公正

69. 消防应急照明系统灯具采用自带蓄电池供电，沿电气竖井垂直方向为不同楼层的灯具供电时，应急照明配电箱的每个输出回路在公共建筑中的供电范围不宜超过（   ）层，在住宅建筑中的供电范围不宜超过（   ）层。

A. 18　8　　　B. 16　8　　　C. 8　18　　　D. 8　16

70. 下列关于泡沫灭火系统管道水压试验的相关说法中，不符合规定的是（   ）。

A. 试验压力应为设计压力的 1.5 倍

B. 试验应采用清水进行，试验时环境温度不应低于 5 ℃，当环境温度低于 5 ℃时，应采取防冻措施

C. 用试压装置缓慢升压,当压力升至试验压力后,应稳压10 min

D. 从试验压力降至设计压力后,应稳压 10 min

71. 下列关于气体灭火系统防护区划分的做法,不符合规定的是( )。

A. 采用预制灭火系统,一个防护区的面积为 410 m²,容积为 1 470 m³

B. 采用管网灭火系统,一个防护区的面积为 510 m²,容积为 3 510 m³

C. 两个相邻封闭空间局部连通并且采用的灭火剂浓度相同,划分成一个防护区

D. 同一区间的吊顶层和地板下需同时保护,划分成一个防护区

72. 对建筑装修装饰材料进行消防安全检查,需要先熟悉装修材料的分类和分级。下列关于装修材料的使用,符合规范要求的是( )。

A. 安装在钢龙骨上燃烧性能等级达到 B_1 级的阻燃胶合板吊顶,可作为 A 级装修材料使用

B. 单位面积质量为 100 g/m² 的纸质壁纸,直接粘贴在混凝土墙上时,可作为 A 级装修材料使用

C. 施涂于钢结构上、湿涂覆比为 1.2 kg/m²、涂层干膜厚度为 1 mm 的有机装修材料,可作为 A 级装修材料使用

D. 施涂于钢结构上的无机装修材料,不论湿涂覆比和涂层干膜厚度是多少,都可作为 A 级装修材料使用

73. 下列关于防烟分区设置要求的说法,不正确的是( )。

A. 划分防烟分区可采用挡烟垂壁、结构梁及隔墙

B. 防烟分区不应跨越防火分区

C. 有吊顶的空间,当吊顶开孔不均匀或开孔率不大于 25%

时，吊顶内空间高度可计入储烟仓厚度

D. 设置排烟设施的建筑内，自动扶梯穿越楼板的开口部应设置挡烟垂壁等设施

74. 下列关于细水雾灭火系统的选型的说法，错误的是（　　）。

A. 油浸变压器室宜采用局部应用方式的开式系统

B. 柴油发电机房宜选择全淹没应用方式的开式系统

C. 细水雾灭火系统宜选用泵组系统、闭式系统，不应采用瓶组系统

D. 采用非密集柜储存的图书库、资料库和档案库，可选择闭式系统

75. 根据《火灾自动报警系统施工及验收标准》，下列关于探测器安装的说法中，错误的是（　　）。

A. 线型光束感烟火灾探测器的发射器和接收器（反射式探测器的探测器和反射板）之间的距离不宜超过 100 m

B. 敷设在顶棚下方的线型感温火灾探测器至顶棚距离宜为 0.1 m，相邻探测器之间的水平距离不宜大于 5 m，探测器至墙壁距离宜为 1～1.5 m

C. 分布式线型光纤感温火灾探测器的感温光纤不应打结，光纤弯曲时，弯曲半径应大于 50 mm，每个光通道配接的感温光纤的始端及末端应各设置不小于 6 m 的余量段

D. 线型可燃气体探测器在安装时，发射器和接收器的距离不宜大于 60 m

76. 对某 IG541 混合气体灭火系统的灭火剂输送管道进行强度试验，采用气压强度试验代替水压强度试验，20 ℃时储存压力为 15 MPa，50 ℃时储存压力为 17.2 MPa，则其气压强度试验压力应为（　　）MPa。

A. 10.5　　　B. 17.25　　　C. 19.78　　　D. 22.5

77. 下列关于自动喷水灭火系统各报警阀组的维护管理记录，符合规范要求的是（　　）。

A. 湿式报警阀阀前压力表值为 0.18 MPa，阀后压力表值为 0.19 MPa

B. 干式报警阀阀前压力表值为 0.23 MPa，阀后压力表值为 0.15 MPa

C. 预作用报警阀阀前稳压值为 0.25 MPa

D. 雨淋报警阀阀前稳压值为 0.22 MPa

78. 对干式消火栓系统进行验收检查，下列不符合规范要求的是（　　）。

A. 供水干管上采用电动阀作为快速启闭装置，电动阀的开启时间为 45 s

B. 消火栓箱内的消火栓按钮能直接控制开启电动阀

C. 系统的充水时间为 3.5 min

D. 在系统管道的最高处设置快速排气阀

79. 某高层病房楼建筑高度为 55 m，每层有 3 个护理单元。下列关于该病房楼避难间的设置情况中，符合规范要求的是（　　）。

A. 在 24 m 以上楼层设置了避难间，24 m 以下楼层未设置

B. 避难间服务 3 个护理单元，其净面积按每个护理单元为 25 m² 确定

C. 利用消防电梯前室兼做避难间，前室的门采用乙级防火门

D. 避难间设置直接对外的可开启外窗作为防烟设施，外窗采用乙级防火窗

80. 下列建筑保温系统的检查结果中，不符合规范要求的是（　　）。

A. 建筑外墙采用无空腔复合保温结构体，使用 B_1 级保温材料，两侧墙体均采用 60 mm 厚的不燃材料

B. 建筑外墙内保温系统采用 B_1 级保温材料，设置 12 mm 厚的不燃材料防护层

C. 建筑外墙外保温系统采用 B_1 级保温材料，设置 10 mm 厚的不燃材料防护层

D. 建筑外墙采用 A 级保温材料，屋面采用 B_1 级保温材料，屋面与外墙之间未设置防火隔离带

二、多项选择题（共20题，每题2分。每题的备选项中，有2个或2个以上符合题意，至少有1个错项。错选，本题不得分；少选，所选的每个选项得0.5分）

81. 我国注册消防工程师职业道德具有的特点包括（　　）。

A. 执行消防法规标准的原则性

B. 实事求是的公正性

C. 高度的服务性

D. 维护社会公共安全的责任性

E. 与社会经济联系的密切性

82. 根据消防安全重点单位的"三项报告"备案制度，下列人员中，自确定或变更之日起5个工作日内，应当向当地消防救援机构报告备案的是（　　）。

A. 消防安全责任人
B. 消防安全管理人
C. 兼职消防管理员
D. 消防控制室值班操作人员
E. 志愿消防员

83. 某4层KTV为二级耐火等级，每层建筑面积为1 500 m²。根据现行国家标准《重大火灾隐患判定方法》，该建筑检查发现的下列问题中，属于重大火灾隐患判定要素中直接判定要素的有（　　）。

A. 安全出口数量不足

B. 自动喷水灭火系统不能正常使用

C. 未设置室内消火栓系统

D. 未设置火灾自动报警系统

E. 疏散楼梯间设置形式不符合相关规定

84. 根据《机关、团体、企业、事业单位消防安全管理规定》，单位消防安全制度主要内容包括（　　）。

A. 单位安保方案

B. 消防安全教育、培训

C. 专职和志愿消防队的组织管理

D. 燃气和电气设备的检查和管理（包括防雷、防静电）

E. 消防安全工作考评和奖惩

85. 对工业建筑进行防火检查时，应注意检查工业建筑的火灾危险性、耐火等级和建筑面积。下列工业建筑中，可以采用三级耐火等级的有（　　）。

A. 建筑面积 450 m^2 的单层甘油制备厂房

B. 建筑面积 1 200 m^2 的单层铆焊车间

C. 总蒸发量 3 t/h 的燃气锅炉房

D. 占地面积 350 m^2 的单层漂白粉仓库

E. 占地面积 1 500 m^2 的 2 层 56 度白酒瓶装成品库

86. 对某耐火等级二级的多层丁类厂房进行消防安全检查。下列关于该厂房各构件的检查结果中，符合规范要求的有（　　）。

A. 钢柱采用防火涂料保护，耐火极限为 2.00 h

B. 采用预应力钢筋混凝土的楼板，耐火极限为 0.75 h

C. 非承重外墙采用难燃性墙体，耐火极限为 0.50 h

D. 屋面板采用难燃性材料，耐火极限为 1.00 h

E. 屋顶承重构件采用自动喷水灭火系统全保护，耐火极限为 1.00 h

87. 某建筑高度 32 m、每层建筑面积 800 m^2 的商店建筑南侧有一座耐火等级二级、高度相比略低的多层办公楼。办公楼屋顶无天窗。消防主管部门检查时发现两建筑之间防火间距仅有 7 m，不符合要求。下列整改方案中，可行的有（　　）。

A. 清除两建筑相邻外墙上的可燃性构件，将外墙上开口部分面积封堵至外墙面积的 5% 以下，并使剩余开口交错布置

B. 将商店建筑相邻办公楼一侧外墙改造为防火墙

C. 提高办公楼的耐火等级

D. 将办公楼相邻商店建筑一侧外墙改为防火墙，提高办公楼屋顶耐火极限至 1.00 h

E. 拆除办公楼

88. 某耐火等级二级的住宅建筑，首层及二层设置了商业服务网点，对其进行年度消防安全评估。在下列收集到的现场情况中，不符合现行规范要求的是（　　）。

A. 商业服务网点与居住部分之间采用防火墙进行分隔，墙上开设甲级防火门

B. 商业服务网点每个分隔单元之间采用耐火极限 2.00 h 的防火隔墙相互分隔

C. 商业服务网点与居住部分之间采用耐火极限 1.00 h 的楼板相互分隔

D. 某商店网点中任一点至最近直通室外的出口的直线距离最大为 30 m

E. 商业服务网点中，建筑面积最大的是 280 m^2 的网吧

89. 防火墙是划分防火分区的重要分隔构件。下列关于设置防火墙的做法，符合规范要求的有（　　）。

A. 防火墙凸出难燃性外墙面 0.5 m，防火墙两侧各 1.5 m 范围内外墙采用不燃性墙体

B. 防火墙凸出不燃性外墙面 0.2 m，防火墙两侧各 1 m 范围内无门、窗、洞口

C. 重柴油管道穿过防火墙,并采用防火封堵材料将墙与管道之间的空隙紧密填实

D. 将原设置在建筑框架上的防火墙,改为设在建筑楼板上

E. 防火墙从建筑楼地面基层隔断至楼板的底面基层

90. 某商业建筑,地上6层,局部7层,建筑高度36 m。下列关于该建筑防火分隔构件的设置情况中,不符合规范要求的有(   )。

A. 一层两个防火分区之间采用防火墙和防火卷帘分隔,防火墙长度37 m,防火卷帘长度20 m

B. 各层相通的自动扶梯处采用水平放置的防火卷帘进行分隔

C. 建筑内疏散通道上的乙级防火门采用常开防火门,在火灾时能自动关闭并反馈信号

D. 变形缝处的防火门设置在6层建筑一侧

E. 防火卷帘手动速放装置的操作力为80 N

91. 消防车道是发生火灾时供消防车通行的道路。在对消防车道进行消防检查时,应检查消防车道形式的选择是否正确。下列建筑的消防车道,设置正确的有(   )。

A. 建筑高度10 m、建筑面积4 000 m² 的商店建筑沿两个长边设置消防车道

B. 占地面积8 000 m² 的多层丁类厂房,沿一个长边设置消防车道

C. 占地面积3 500 m² 的多层丙类厂房,沿两个长边设置消防车道

D. 建筑高度34 m 的住宅建筑,沿一个长边设置消防车道

E. 建筑高度26 m、占地面积1 800 m² 的丙类仓库,沿一个长边设置消防车道

92. 消防水系统的管道安装完毕,需要对其进行试压和冲洗。

下列各系统中,需要进行气压试验的有( )。
    A. 湿式消火栓系统
    B. 干式消火栓系统
    C. 湿式自动喷水灭火系统
    D. 干式自动喷水灭火系统
    E. 预作用自动喷水灭火系统

93. 下列对消防水泵的验收做法,符合规范要求的有( )。
    A. 消防水池的最低有效水位低于消防水泵自灌式吸水的最低水位
    B. 从市政管网直接抽水的消防水泵,在其吸水管上设置有倒流防止器
    C. 采用湿式深坑安装方式的轴流深井泵从消防水池吸水
    D. 建筑高度 45 m、室内消防给水设计流量 10 L/s 的住宅建筑,消防水泵未设置备用泵
    E. 一组消防水泵出水管上设置了一根 DN65 的试水管

94. 下列关于消防水泵接合器的安装检查情况,符合规范要求的有( )。
    A. 竖向分区供水建筑的高、低区分别设置水泵接合器,且高、低区水泵接合器有分区标识,并布置在一起
    B. 水泵接合器与室外消火栓的距离为 10 m
    C. 地下水泵接合器设置在消防井内,进水口与井盖底面的距离为 0.5 m
    D. 墙壁水泵接合器与上方玻璃幕墙的净距离为 2.4 m
    E. 墙壁水泵接合器安装高度距地面为 0.7 m

95. 对湿式自动喷水灭火系统进行验收检查,在末端试水装置处以 1.3 L/s 的流量放水。下列检查结果中符合规范要求的有( )。

A. 水力警铃喷嘴处压力为 0.08 MPa

B. 放水 95 s 后，水流指示器动作

C. 放水 120 s 后，压力开关动作，水力警铃发出声响

D. 距水力警铃 5 m 远处，测得声强为 75 dB

E. 放水 230 s 后，消防水泵正常启动并反馈信号

96. 下列场所设置自动喷水灭火系统时，喷头的选用符合规范要求的有（　　）。

A. 高层办公楼的湿式系统选用隐蔽式洒水喷头

B. 净空高度 12 m 的会展中心的湿式系统选用响应时间指数 85 的闭式洒水喷头

C. 总建筑面积 12 000 m² 的多层商场中庭的防护冷却系统使用边墙型洒水喷头

D. 某学校的教职工宿舍的湿式系统选用家用喷头

E. 某厂房的干式系统选用 ZSTX 型洒水喷头

97. 检查自动喷水灭火系统的末端试水装置，下列不符合规范要求的有（　　）。

A. 末端试水装置试水接头出水口的流量系数与同楼层最大流量系数的洒水喷头一致

B. 末端试水装置距地面高度为 1.5 m

C. 末端试水装置排水立管的直径为 40 mm

D. 末端试水装置的出水采取孔口出流方式

E. 末端试水装置设置在卫生间的吊顶内，吊顶上留有检修口

98. 下列关于自动喷水灭火系统使用氯化聚氯乙烯管道的描述中，符合规范要求的有（　　）。

A. 设置场所应为轻危险级或中危险级

B. 使用氯化聚氯乙烯管道的系统可以是湿式系统、干式系统或预作用系统

C. 公称直径不超过 DN80 的配水干管、配水管及配水支管可以使用氯化聚氯乙烯管道

D. 使用氯化聚氯乙烯管道的系统应采用快速响应洒水喷头

E. 无吊顶场所设置氯化聚氯乙烯管道时，该场所应为轻危险级

99. 泡沫灭火系统调试时，在喷水试验完成后应进行喷泡沫试验。下列关于喷泡沫试验的做法，符合规范要求的有（　　）。

A. 低倍数泡沫灭火系统喷射泡沫时间为 30 s

B. 低倍数泡沫灭火系统选择最远的防护区进行一次试验

C. 高倍数泡沫灭火系统喷射泡沫时间为 30 s

D. 高倍数泡沫灭火系统选择最不利点的防护区进行一次试验

E. 当低、中倍数泡沫灭火系统为自动灭火系统时，喷泡沫试验以自动控制方式进行

100. 对火灾自动报警系统的探测器进行检测，下列符合规范要求的有（　　）。

A. 长度 65 m、宽度 2.2 m 的内走道，顶棚安装 4 只点型感烟火灾探测器

B. 点型感烟火灾探测器距离空调送风口 1.6 m

C. 高层办公楼二层，在房间高度 4 m、面积 200 m^2 的办公室安装 3 只感烟火灾探测器

D. 点型感温火灾探测器距侧面墙水平距离为 1 m

E. 在倾斜角 30° 的自动扶梯上方安装的点型感烟火灾探测器，垂直于斜面安装

第二部分 消防安全技术综合能力考前冲刺试卷参考答案及解析

一、单项选择题（共80题，每题1分。每题的备选项中，只有1个最符合题意）

1. A 根据《中华人民共和国消防法》第六十条规定，单位违反规定，占用、堵塞、封闭消防车通道，妨碍消防车通行的，责令改正，处5 000元以上50 000元以下罚款，故选A。

2. C 根据《消防给水及消火栓系统技术规范》第13.1.4条规定，消防水泵调试应符合下列要求：（1）以自动直接启动或手动直接启动消防水泵时，消防水泵应在55 s内投入正常运行，且应无不良噪声和振动，故不选A。（2）以备用电源切换方式或备用泵切换方式启动消防水泵时，消防水泵应分别在1 min或2 min内投入正常运行，故不选B。（3）消防水泵安装后应进行现场性能测试，其性能应与生产厂商提供的数据相符，并应满足消防给水设计流量和压力的要求。（4）消防水泵零流量时的压力不应超过设计工作压力的140%；当出流量为设计工作流量的150%时，其出口压力不应低于设计工作压力的65%，故选C，不选D。

3. B 根据《中华人民共和国消防法》第六十四条规定，违反规定，过失引起火灾，尚不构成犯罪的，处10日以上15日以下拘留,可以并处500元以下罚款;情节较轻的,处警告或者500元以下罚款。

4. B 根据《建筑设计防火规范》第3.7.5条规定,厂房内疏散楼梯、走道、门的各自总净宽度,应根据疏散人数按每100人的最小疏散净宽度不小于下表的规定计算确定。但疏散楼梯的最小净宽度不宜小于1.10 m,疏散走道的最小净宽度不宜小于1.40 m,门的最小净宽度不宜小于0.90 m。当每层疏散人数不相等时,疏散楼梯的总净宽度应分层计算,下层楼梯总净宽度应按该层及以上疏散人数最多一层的疏散人数计算。

厂房层数/层	最小疏散净宽度/(m/百人)
1~2	0.6
3	0.8
≥4	1

首层外门的总净宽度应按该层及以上疏散人数最多一层的疏散人数计算,且该门的最小净宽度不应小于1.20 m。

该厂房最小疏散净宽度为0.8 m/百人,按人数最多的第三层(140人)计算,140÷100×0.8=1.12(m),又因为规范另有规定,厂房首层外门的总净宽度应按该层及以上疏散人数最多一层的疏散人数计算,且该门的最小净宽度不应小于1.2 m,故选B。

5. A 根据《建筑钢结构防火技术规范》第4.1.3条规定,钢结构采用喷涂防火涂料保护时,应符合下列规定:(1)设计耐火极限大于1.50 h的构件,不宜选用膨胀型防火涂料,故选A。(2)室内隐蔽构件,宜选用非膨胀型防火涂料,故不选C。(3)非膨胀型防火涂料涂层的厚度不应小于10 mm,故不选B。

根据该规范第9.3.2条规定,防火涂料的涂装遍数和每遍涂装的厚度均应符合产品说明书的要求。防火涂料涂层的厚度不得小于设计厚度。非膨胀型防火涂料涂层最薄处的厚度不得小于设计厚度的 85%，故不选 D。

6. A　根据《中华人民共和国刑法》第一百三十四条第一款规定，在生产、作业中违反有关安全管理的规定，因而发生重大伤亡事故或者造成其他严重后果的，处三年以下有期徒刑或者拘役；情节特别恶劣的，处三年以上七年以下有期徒刑。

7. C　根据《建筑设计防火规范》第 5.4.7 条规定，设置在地下或半地下时，电影院宜设置在地下一层，不应设置在地下三层及以下楼层，故不选 A。根据该规范第 5.4.4B 条规定，当老年人照料设施中的老年人公共活动用房、康复与医疗用房设置在地下、半地下时，应设置在地下一层，每间用房的建筑面积不应大于 200 m² 且使用人数不应大于 30 人，故不选 B。根据该规范第 5.4.8 条规定，建筑内的会议厅、多功能厅等人员密集的场所，宜布置在首层、二层或三层；确需布置在一、二级耐火等级建筑的地下或半地下时，建筑面积不宜大于 400 m²，且宜设置在地下一层，不应设置在地下三层及以下楼层。故选 C。根据该规范第 5.4.12 条规定，采用相对密度（与空气密度的比值）不小于 0.75 的可燃气体为燃料的锅炉，不得设置在地下或半地下，故不选 D。

8. B　根据《建筑设计防火规范》第 4.1.1 条规定，甲、乙、丙类液体储罐区，液化石油气储罐区，可燃、助燃气体储罐区和可燃材料堆场等，宜布置在城市（区域）全年最小频率风向的上风侧，故选 B。

9. D　选项 D 属于消防安全责任人的职责。

10. B　根据《建筑设计防火规范》第 3.1.1 条规定，沥青加工厂房属于丙类厂房。根据该规范第 3.4.7 条规定，同一座"U"形或"山"形厂房中相邻两翼之间的防火间距，不宜小于该规范第 3.4.1 条的规定，但当厂房的占地面积小于规定的每个防火分区最大允许建筑面积时（耐火等级为二级的单层丙类厂房每个防火分区的最大允许建筑面积为 8 000 m²），其防火间距可为 6 m，故选 B。

11. D 根据《火灾自动报警系统施工及验收标准》第 3.2.5 条规定，符合下列条件时，管路应在便于接线处装设接线盒：（1）管路长度每超过 30 m 且无弯曲时。（2）管路长度每超过 20 m 且有 1 个弯曲时。（3）管路长度每超过 10 m 且有 2 个弯曲时。（4）管路长度每超过 8 m 且有 3 个弯曲时。

12. A 根据《中华人民共和国消防法》第十六条规定，机关、团体、企业、事业等单位应当履行下列消防安全职责：（1）落实消防安全责任制，制定本单位的消防安全制度、消防安全操作规程，制定灭火和应急疏散预案，故不选 C。（2）按照国家标准、行业标准配置消防设施、器材，设置消防安全标志，并定期组织检验、维修，确保完好有效，故不选 B。（3）对建筑消防设施每年至少进行一次全面检测，确保完好有效，检测记录应当完整准确，存档备查。（4）保障疏散通道、安全出口、消防车道畅通，保证防火防烟分区、防火间距符合消防技术标准。（5）组织防火检查，及时消除火灾隐患。（6）组织进行有针对性的消防演练，故不选 D。（7）法律、法规规定的其他消防安全职责。

单位的主要负责人是本单位的消防安全责任人。

根据该文件第十七条规定，消防安全重点单位除应当履行上述规定的职责外，还应当确定消防安全管理人，组织实施本单位的消防安全管理工作，故选 A。

13. D 根据《建筑设计防火规范》第 5.4.7 条规定，剧场、电影院、礼堂应采用耐火极限不低于 2.00 h 的防火隔墙和甲级防火门与其他区域分隔，故不选 A。剧场、电影院、礼堂设置在一、二级耐火等级的建筑内时，观众厅宜布置在首层、二层或三层。确需布置在四层及以上楼层时,一个厅、室的疏散门不应少于 2 个,且每个观众厅的建筑面积不宜大于 400 m²,故不选 B、C。剧场、电影院、礼堂确需设置在其他民用建筑内时,至少应设置 1 个独立的安全出口和 1 部疏散楼梯,故选 D。

14. A 模拟喷放试验采用干粉灭火剂和自动启动方式,干粉用量不少于设计用量的 30%。

15. C 根据《注册消防工程师管理规定》第二十九条规定,注册消防工程师的执业范围应当与其聘用单位业务范围和本人注册级别相符合,本人的执业范围不得超越其聘用单位的业务范围。

受聘于消防技术服务机构的注册消防工程师,每个注册有效期应当至少参与完成 3 个消防技术服务项目;受聘于消防安全重点单位的注册消防工程师,一个年度内应当至少签署 1 个消防安全技术文件。

16. C 根据《自动喷水灭火系统施工及验收规范》第 6.3.1 条规定,自动喷水灭火系统气压严密性试验压力应为 0.28 MPa,且稳压 24 h,压力降不应大于 0.01 MPa。

17. A 根据《建筑设计防火规范》第 5.3.6 条第 4 款规定,步行街两侧建筑的商铺,其面向步行街一侧的围护构件的耐火极限不应低于 1.00 h,并宜采用实体墙,其门、窗应采用乙级防火门、窗;当采用防火玻璃墙(包括门、窗)时,其耐火隔热性和耐火完整性不应低于 1.00 h;当采用耐火完整性不低于 1.00 h 的非隔热性防火玻璃墙(包括门、窗)时,应设置闭式自动喷水灭火系统进行保护。故选 A。步行街两侧的商铺在上部各层需设置回廊和连接天桥时,应保证步行街上部各层楼板的开口面积不应小于步行街地面面积的 37%,且开口宜均匀布置,故不选 C。

根据该规范第 5.3.6 条第 2 款规定,步行街两侧建筑相对面的最近距离不应小于 9 m,步行街的长度不宜大于 300 m,故不选 B。

根据该条第 7 款规定，步行街的顶棚应设置自然排烟设施并宜采用常开式的排烟口，且自然排烟口的有效面积不应小于步行街地面面积的 25%，故不选 D。

18. D　根据《机关、团体、企业、事业单位消防安全管理规定》第四十三条规定，消防安全管理情况应当包括以下内容：（1）公安消防机构填发的各种法律文书；（2）消防设施定期检查记录、自动消防设施全面检查测试的报告以及维修保养的记录；（3）火灾隐患及其整改情况记录；（4）防火检查、巡查记录；（5）有关燃气、电气设备检测（包括防雷、防静电）等记录资料；（6）消防安全培训记录；（7）灭火和应急疏散预案的演练记录；（8）火灾情况记录；（9）消防奖惩情况记录。故选 D。

19. D　根据《气体灭火系统设计规范》第 3.1.10 条规定，同一防护区，当设计 2 套或 3 套管网时，集流管可分别设置，系统启动装置必须共用，故选 D。根据该规范第 3.1.12 条规定，喷头安装高度小于 1.5 m 时，保护半径不宜大于 4.5 m，故不选 A；喷头最大保护高度不宜大于 6.5 m，最小保护高度不应小于 0.3 m，故不选 C。根据该规范第 3.1.4 条规定，两个或两个以上的防护区采用组合分配系统时，一个组合分配系统所保护的防护区不应超过 8 个，故不选 B。

20. A　根据《气体灭火系统施工及验收规范》附录 F.1.4 规定，气压强度试验应遵守下列规定：（1）试验前，必须用加压介质进行预试验，预试验压力宜为 0.2 MPa。（2）试验时，应逐步缓慢增加压力，当压力升至试验压力的 50% 时，如未发现异状或泄漏，继续按试验压力的 10% 逐级升压，每级稳压 3 min，直至试验压力。保压检查管道各处无变形、无泄漏为合格。

21. A　根据《火灾自动报警系统施工及验收标准》第 5.0.6 条规定，系统检测、验收结果判定准则应符合下列规定：（1）A 类项目不合格数量为 0、B 类项目不合格数量小于或等于 2、B 类项目不合格数量与 C 类项目不合格数量之和小于或等于检查项目数量 5% 的，系统检测、验收结果应为合格；（2）不符合上述合格判定准则的，系统检测、验收结果应为不合格。甲乙办公楼 A 类项目不合格数均为 0。甲办公楼 B、C 类项目不合格数量之和为 6，等于检查项目 120 项的 5%，故检测、验收结果为合格。乙办公楼 B、C 类项目不合格数量之和为 5，等于检查项目 100 项的 5%，故检测、验收结果也为合格，故选 A。

22. D 根据《建筑设计防火规范》第 3.1.1 条规定，大豆油精炼车间、大豆油浸出车间属于甲类厂房；植物油加工厂的精炼部位属于丙类厂房；燃煤锅炉房属于丁类厂房。根据该规范第 3.4.1 条规定，大豆油精炼部位为甲类单层二级耐火等级的厂房，与一、二级耐火等级的甲类厂房防火间距不得小于 12 m，与二级耐火等级的丁类厂房防火间距不得小于 10 m，故不选 A、C；为丙、丁、戊类厂房服务而单独设置的生活用房应按民用建筑确定，与所属厂房的防火间距不应小于 6 m，故不选 B；与 10 t＜变压器总油量≤50 t 的室外变、配电站的防火间距不得小于 15 m，故选 D。

23. C 根据《建筑设计防火规范》第 5.5.15 条规定，公共建筑内房间的疏散门数量应经计算确定且不应少于 2 个。除托儿所、幼儿园、老年人照料设施、医疗建筑、教学建筑内位于走道尽端的房间外（故选 C），符合下列条件之一的房间可设置 1 个疏散门：（1）位于 2 个安全出口之间或袋形走道两侧的房间，对于托儿所、幼儿园、老年人照料设施，建筑面积不大于 50 m²；对于医疗建筑、教学建筑，建筑面积不大于 75 m²；对于其他建筑或场所，建筑面积不大于 120 m²，故不选 D。（2）位于走道尽端的房间，建筑面积小于 50 m² 且疏散门的净宽度不小于 0.90 m，或由房间内任一点至疏散门的直线距离不大于 15 m、建筑面积不大于 200 m² 且疏散门的净宽度不小于 1.40 m。（3）歌舞娱乐放映游艺场所内建筑面积不大于 50 m² 且经常停留人数不超过 15 人的厅、室。又根据该规范第 6.4.11 条规定，建筑内的疏散门应符合下列规定：民用建筑和厂房的疏散门，应采用向疏散方向开启的平开门，不应采用推拉门、卷帘门、吊门、转门和折叠门。除甲、乙类生产车间外，人数不超过 60 人且每樘门的平均疏散人数不超过 30 人的房间，其疏散门的开启方向不限，故不选 A、B。

24. D 根据《建筑设计防火规范》第 3.1.1 条规定，选项 A 中的橡胶制品胶浆车间属于甲类厂房。耐火等级二级的单层橡胶制品胶浆车间的防火分区最大允许建筑面积为 3 000 m²（未设置自动灭火系统）。选项 A 中平均划分为 2 个防火分区，则每个防火分区面积为 4 000 m²，大于规范要求的 3 000 m²，故不选 A。

选项 B 中的服装加工厂房属于丙类厂房，耐火等级二级的多层服装加工厂房的防火分区最大允许建筑面积为 4 000 m²，设置自动灭火系统后为 8 000 m²。选项 B 中每层建筑面积为 10 000 m²，大于 8 000 m²，故不选 B。

选项 C 中的润滑油仓库为丙类 1 项仓库，耐火等级一级的多层润滑油仓库的防火分区最大允许建筑面积为 700 m²，4 个防火分区则占地面积为 2 800 m²；设置自动灭火系统后，分别增加到 1 400 m² 和 5 600 m²。根据该规范第 3.2.9 条规定，甲、乙类厂房和甲、乙、丙类仓库内的防火墙，其耐火极限不应低于 4.00 h，则丙类仓库划分防火分区的防火墙的耐火极限不应低于 4.00 h，选项 C 中的 3.00 h 不满足要求，故不选 C。

选项 D 中的硝化棉仓库为甲类 3 项仓库，耐火等级一级的单层硝化棉仓库的防火分区最大允许建筑面积为 60 m²，3 个防火分区则占地面积为 180 m²，设置自动灭火系统后，分别增加到 120 m² 和 360 m²。该仓库的占地面积 300 m² 小于规范要求的 360 m²，故该仓库的占地面积满足要求。用耐火极限 4.00 h 的防火墙平均划分为 3 个防火分区后，每个防火分区面积 100 m² 小于规范要求的

120 m²，故该仓库的防火分区面积和防火墙耐火极限也满足要求，故选 D。

25. D　根据《细水雾灭火系统技术规范》第 4.3.8 条规定，管道安装固定后，应进行冲洗。根据该规范第 4.3.9 条规定，管道冲洗合格后，应进行压力试验。根据该规范第 4.3.10 条规定，压力试验合格后，系统管道宜采用压缩空气或氮气进行吹扫，吹扫压力不应大于管道的设计压力，流速不宜小于 20 m/s，故选 D。

26. B　根据《建筑设计防火规范》第 6.2.10 条规定，户外电致发光广告牌不应直接设置在有可燃、难燃材料的墙体上。户外广告牌的设置不应遮挡建筑的外窗，不应影响外部灭火救援行动，故不选 A。根据该规范第 7.2.3 条规定，建筑物与消防车登高操作场地相对应的范围内，应设置直通室外的楼梯或直通楼梯间的入口，故选 B。根据该规范第 7.2.2 条规定，场地与厂房、仓库、民用建筑之间不应设置妨碍消防车操作的树木、架空管线等障碍物和车库出入口，故不选 C。根据该规范第 7.2.1 条规定，高层建筑应至少沿一个长边或周边长度的 1/4 且不小于一个长边长度的底边连续布置消防车登高操作场地，该范围内的裙房进深不应大于 4 m，故不选 D。

27. A　根据《消防给水及消火栓系统技术规范》第 3.6.1 条规定，消防给水一起火灾灭火用水量应按需要同时作用的室内、室外消防给水用水量之和计算。根据该规范第 3.6.2 条规定，高层综合楼的火灾延续时间不应小于 3 h，故此题室内、室外消火栓供水的火灾延续时间按照 3 h 考虑。

根据《自动喷水灭火系统设计规范》第 5.0.16 条规定，除另有规定外，自动喷水灭火系统的持续喷水时间应按火灾延续时间不小于 1 h 确定。故此题自动喷水灭火系统供水的火灾延续时间按 1 h 考虑。

室外消火栓用水量 =40×3×3 600÷1 000=432（m^3）。
室内消火栓用水量 =40×3×3 600÷1 000=432（m^3）。
自动喷水灭火系统用水量 =30×1×3 600÷1 000=108（m^3）。
补水量 =80×3=240（m^3）。
消防水池最小容量 =432+432+108−240=732（m^3）。

28. D 根据《建筑设计防火规范》第 3.3.10 条规定，物流建筑的防火设计中，当分拣等作业区采用防火墙与储存区完全分隔且符合下列条件时，除自动化控制的丙类高架仓库外，储存区的防火分区最大允许建筑面积和储存区部分建筑的最大允许占地面积，可按规定增加 3.0 倍：（1）储存除可燃液体、棉、麻、丝、毛及其他纺织品、泡沫塑料等物品外的丙类物品且建筑的耐火等级不低于一级。（2）储存丁、戊类物品且建筑的耐火等级不低于二级。（3）建筑内全部设置自动水灭火系统和火灾自动报警系统。

根据该规范第 3.1.3 条规定，中药材仓库属于丙类 2 项仓库，根据该规范第 3.3.2 条规定，丙类 2 项单层仓库（一级耐火等级）每个防火分区的最大允许建筑面积为 1 500 m^2，结合上述规定可增加 4 500 m^2，故防火分区最大允许建筑面积不应大于 6 000 m^2。

29. B 根据《气体灭火系统施工及验收规范》第 7.4.1 条规定，气体灭火系统功能验收时，应进行模拟启动试验，并合格。检查数量：按防护区或保护对象总数（不足 5 个按 5 个计）的 20% 检查，故不选 A。根据该规范第 7.4.2 条规定，气体灭火系统功能验收时，应进行模拟喷气试验，并合格。检查数量：组合分配系统不应少于 1 个防护区或保护对象，柜式气体灭火装置、热气溶胶灭火装置等预制灭火系统应各取 1 套，故选 B，不选 C。根据该规范第 7.4.3 条规定，气体灭火系统功能验收时，应对设有灭火剂备用量的系统进行模拟切换操作试验，并合格。检查数量：全数检查，故不选 D。

30. A 根据《气体灭火系统施工及验收规范》第 8.0.7 条规定，每季度对高压二氧化碳储存容器逐个进行称重检查，灭火剂净重不得小于设计储存量的 90%，故不选 B；每季度检查可燃物的种类、分布情况，防护区的开口情况，应符合设计规定，故不选 C。根据该规范第 8.0.8 条规定，每年应对每个防护区进行 1 次模拟启动试验，故不选 D。

31. A 各风险等级及其对应的量化范围和风险等级特征见下表。

风险等级	名称	量化范围	风险等级特征描述
Ⅰ级	低风险	(85, 100]	几乎不可能发生火灾，火灾风险性低，火灾风险处于可接受的水平，风险控制重在维护和管理
Ⅱ级	中风险	(65, 85]	可能发生一般火灾，火灾风险性中等，火灾风险处于可控制的水平，在适当采取措施后可达到接受水平，风险控制重在局部整改和加强管理
Ⅲ级	高风险	(25, 65]	可能发生较大火灾，火灾风险性较高，火灾风险处于较难控制的水平，应采取措施加强消防基础设施建设和完善消防管理水平
Ⅳ级	极高风险	(0, 25]	可能发生重大或特大火灾，火灾风险性极高，火灾风险处于很难控制的水平，应采取全面的措施对建筑的设计、主动防火设施进行完善，加强对危险源的管控，增强消防管理和救援力量

故选 A。

32. B 根据《消防给水及消火栓系统技术规范》第 12.3.3 条规定，消防水池和消防水箱出水管或水泵吸水管应满足最低有效水位出水不掺气的技术要求，故选B。钢筋混凝土制作的消防水池和消防水箱的进出水等管道应加设防水套管，钢板等制作的消防水池和消防水箱的进出水等管道宜采用法兰连接，对有振动的管道应加设柔性接头，故不选A、D。消防水池、消防水箱的溢流管、泄水管不应与生产或生活用水的排水系统直接相连，应采用间接排水方式，故不选C。

33. B 根据《防火卷帘、防火门、防火窗施工及验收规范》第8.0.5条规定，每日应对防火卷帘下部、常开式防火门门口处、活动式防火窗窗口处进行一次检查，并应清除妨碍设备启闭的物品，故不选A。根据该规范第8.0.6条规定，每季度应对防火卷帘、防火门和活动式防火窗的下列功能进行一次检查：（1）手动启动防火卷帘内外两侧控制器或按钮盒上的控制按钮，检查防火卷帘上升、下降、停止功能。（2）手动操作防火卷帘手动速放装置，检查防火卷帘依靠自重恒速下降功能。（3）手动操作防火卷帘的手动拉链，检查防火卷帘升、降功能，且无滑行撞击现象。（4）手动启动常闭式防火门，检查防火门开关功能，且无卡阻现象，故选B。（5）手动启动活动式防火窗上的控制装置，检查防火窗开关功能且无卡阻现象，故不选C。根据该规范第8.0.7条规定，每年应对防火卷帘、防火门、防火窗的下列功能进行一次检查：（1）防火卷帘控制器的火灾报警功能、自动控制功能、手动控制功能、故障报警功能、备用电源转换功能。（2）常开式防火门火灾报警联动控制功能、消防控制室手动控制功能、现场手动控制功能。（3）活动式防火窗火灾报警联动控制功能、消防控制室手动控制功能、现场手动控制功能，故不选D。

34. C 根据《建筑设计防火规范》第8.3.1条规定，除另有规定和不宜用水保护或灭火的场所外，下列厂房或生产部位应设置自动灭火系统，并宜采用自动喷水灭火系统：（1）不小于50 000纱锭的棉纺厂的开包、清花车间，不小于5 000锭的麻纺厂的分级、梳麻车间，火柴厂的烤梗、筛选部位。(2)占地面积大于1 500 m² 或总建筑面积大于3 000 m² 的单、多层制鞋、制衣、玩具及电子等类似生产的厂房，故不选 A、D。(3)占地面积大于1 500 m² 的木器厂房，故不选 B。(4)泡沫塑料厂的预发、成型、切片、压花部位。(5)高层乙、丙类厂房。(6)建筑面积大于500 m² 的地下或半地下丙类厂房，故选 C。

35. C 根据《建筑防烟排烟系统技术标准》第5.1.3条规定，当防火分区内火灾确认后，应能在15 s 内联动开启常闭加压送风口和加压送风机，并应符合下列规定：(1)应开启该防火分区楼梯间的全部加压送风机，故不选 A。(2)应开启该防火分区内着火层及其相邻上下层前室及合用前室的常闭送风口，同时开启加压送风机，故不选 B。根据该标准第5.2.4条规定，当火灾确认后，担负两个及以上防烟分区的排烟系统，应仅打开着火防烟分区的排烟阀或排烟口，其他防烟分区的排烟阀或排烟口应呈关闭状态，故选 C。根据该标准第4.4.6条规定，排烟风机应满足280 ℃时连续工作30 min 的要求，排烟风机应与风机入口处的排烟防火阀连锁，当该阀关闭时，排烟风机应能停止运转，故不选 D。

36. D 消防设施调试负责人由专业技术人员担任。

37. B 根据《重大火灾隐患判定方法》第6部分直接判定要素的规定，生产、储存、经营易燃易爆危险品的场所与人员密集场所、居住场所设置在同一建筑物内，或与人员密集场所、居住场所的防火间距小于国家工程建设消防技术标准规定值的75%，属于直接判定要素，故选 B。公共娱乐场所、商店、地下人员密集场所的安全出口数量不足或其总净宽度小于国家工程建设消防技术标准规定值的80%，属于直接判定要素，故不选 A。托儿所、幼儿园的儿童用房以及老年人活动场所，所在楼层位置不符合国家工程建设消防技术标准的规定，属于直接判定要素，托儿所不应设置在建筑的四层及以上，故不选 C。在人员密集场所违反消防安全规定使用、储存或销售易燃易爆危险品，属于直接判定要素，故不选 D。

38. A　水泵机组基础的顶面标高，无隔振安装时应高出泵房地面不小于 0.1 m，故不选 B。泵房内管道管外底距地面的距离，当管径 DN ≤ 150 时，不应小于 0.2 m，故不选 C。水泵吸水管水平段偏心大小头应采用管顶平接，故不选 D。

39. D　根据《人民防空工程设计防火规范》第 2.0.10 条规定，避难走道是指走道两侧为实体防火墙，并设置有防烟等设施，仅用于人员安全通行至室外的走道，故不选 A。根据该规范第 5.2.5 条规定，避难走道的设置应符合下列规定：（1）避难走道直通地面的出口不应少于 2 个，并应设置在不同方向；当避难走道只与一个防火分区相通时，避难走道直通地面的出口可设置 1 个，但该防火分区至少应有一个不通向该避难走道的安全出口，故不选 B。（2）防火分区至避难走道入口处应设置前室，前室面积不应小于 6 m²，前室的门应为甲级防火门，故不选 C。

40. C　根据《建筑设计防火规范》附录 A.0.1 规定，建筑屋面为平屋面（包括有女儿墙的平屋面）时，建筑高度为建筑室外设计地面至屋面面层的高度。根据该规范第 2.1.4 条规定，商业服务网点是指设置在住宅建筑的首层或首层及二层，每个分隔单元建筑面积不大于 300 m² 的商店、邮政所、储蓄所、理发店等小型营业性用房。题干中便民服务点小商店的面积超过了 300 m²，不属于住宅建筑的商业服务网点，故该建筑性质属于公共建筑，加之建筑高度超过了 50 m，故选 C。

41. A　根据《建筑设计防火规范》第 9.3.12 条规定，公共建筑内厨房的排油烟管道宜按防火分区设置，且在与竖向排风管连接的支管处应设置公称动作温度为 150 ℃ 的防火阀，故不选 B。根据该规范第 9.3.13 条规定，防火阀设置时，在防火阀两侧各

2.0 m 范围内的风管及其绝热材料应采用不燃材料，又根据该规范第 9.3.11 条规定，通风、空调系统的风管在穿越防火分隔处的变形缝两侧部位应设置公称动作温度为 70 ℃ 的防火阀，故选 A，不选 C。

根据《建筑通风和排烟系统用防火阀门》第 6.6.1 条规定，防火阀或排烟防火阀宜具备手动关闭方式；又根据该规范第 6.7.1 条规定，防火阀或排烟防火阀宜具备电动关闭方式，故不选 D。

42. C　根据《建筑防烟排烟系统技术标准》第 3.3.8 条规定，机械加压送风管道的设置和耐火极限应符合下列规定：（1）竖向设置的送风管道应独立设置在管道井内，当确有困难时，未设置在管道井内或与其他管道合用管道井的送风管道，其耐火极限不应低于 1.00 h，故不选 A。（2）水平设置的送风管道，当设置在吊顶内时，其耐火极限不应低于 0.50 h；当未设置在吊顶内时，其耐火极限不应低于 1.00 h，故选 C，不选 D。根据该标准第 3.3.9 条规定，机械加压送风系统的管道井应采用耐火极限不低于 1.00 h 的隔墙与相邻部位分隔；当墙上必须设置检修门时，应采用乙级防火门，故不选 B。

43. C　根据《高层民用建筑消防安全管理规定》第十五条规定，高层民用建筑的业主、使用人或者物业服务企业、统一管理人应当对动用明火作业实行严格的消防安全管理，不得在具有火灾、爆炸危险的场所使用明火，故不选 D。因施工等特殊情况需要进行电焊、气焊等明火作业的，应当按照规定办理动火审批手续，落实现场监护人，配备消防器材，并在建筑主入口和作业现场显著位置公告，故不选 A。作业人员应当依法持证上岗，严格遵守消防安全规定，清除周围及下方的易燃、可燃物，采取防火隔离措施，故不选 B。作业完毕后，应当进行全面检查，消除遗留火种。高层公共建筑内的商场、公共娱乐场所不得在营业期间动火施工，故选 C。高层公共建筑内应当确定禁火禁烟区域，并设置明显标志。

44. D　燃煤锅炉房与煤堆场之间应保持 6～8 m 的防火间距，故不选 A。根据《锅炉房设计标准》第 4.3.7 条规定，锅炉间出入口不应少于 2 个，但对独立锅炉房的锅炉间，当炉前走道总长度小于 12 m，且总建筑面积小于 200 m^2 时，其出入口可设 1 个，故不选 B。根据该标准第 4.3.8 条规定，锅炉间通向室外的门应向室外开启，锅炉房内的辅助间或生活间直通锅炉间的门应向锅炉间内开启，故选 D。根据《建筑设计防火规范》第 3.2.5 条规定，锅炉房的耐火等级不应低于二级，当为燃煤锅炉房且锅炉的总蒸发量不大于 4 t/h 时，可采用三级耐火等级的建筑，故不选 C。

45. C　根据《防火卷帘、防火门、防火窗施工及验收规范》第 6.2.3 条规定，防火卷帘启、闭运行的平均噪声不应大于 85 dB，故不选 A。双帘面卷帘的两个帘面应同时升降，两个帘面之间的高度差不应大于 50 mm，故不选 D。根据该规范第 6.2.2 条规定，防火卷帘卷门机应具有电动启闭和依靠防火卷帘自重恒速下降（手动速放）的功能。启动防火卷帘自重下降（手动速放）的臂力不应大于 70 N，故不选 B。

46. D　根据《建筑设计防火规范》附录 A.0.1 规定，建筑屋面为坡屋面时，建筑高度应为建筑室外设计地面至其檐口与屋脊的平均高度。该公共建筑的高度为（25.5+26.5）÷2=26（m）。

47. B　根据《建筑内部装修设计防火规范》第 3.0.2 条规定，硅酸钙板、玻镁板属于 A 级装修材料；难燃胶合板、复合铝箔玻璃棉板、防火塑料装饰板、氯氧镁水泥装配式墙板、聚四氟乙烯塑料属于 B_1 级装修材料；胶合竹夹板、PVC 卷材地板属于 B_2 级装修材料。

48. B　根据《建筑设计防火规范》第 5.5.20 条规定，体育馆每 100 人所需最小疏散净宽度应符合以下规定：

观众厅座位数 范围／座	疏散部位		
	门和走道		楼梯
	平坡地面	阶梯地面	
3 000 ～ 5 000	0.43	0.5	0.5
5 001 ～ 10 000	0.37	0.43	0.43
10 001 ～ 20 000	0.32	0.37	0.37

注：表中对应较大座位数范围按规定计算的疏散总净宽度，不应小于对应相邻较小座位数范围按其最多座位数计算的疏散总净宽度。

此题目中，体育馆共 11 000 个座位，按照第三档计算时，其疏散楼梯净宽度为 11 000÷100×0.37=40.7（m）；按照第二档最多座位数计算时，其疏散楼梯净宽度为 10 000÷100×0.43=43（m）。故选 B。

49. D 根据《建筑设计防火规范》第 5.1.1 条规定可知，该医院为一类高层公共建筑。根据该规范第 5.1.2 条规定，梁的耐火极限不得低于 2.00 h。

50. B 根据《建筑防烟排烟系统技术标准》第 4.4.1 条规定，当建筑的机械排烟系统沿水平方向布置时，每个防火分区的机械排烟系统应独立设置，故不选 A。根据该标准第 4.4.4 条规定，排烟风机宜设置在排烟系统的最高处，烟气出口宜朝上，并应高于加压送风机和补风机的进风口，故选 B。根据该标准第 4.1.2 条规定，同一个防烟分区应采用同一种排烟方式。在同一个防烟分区内不应同时采用自然排烟方式和机械排烟方式，主要是考虑到两种方式相互之间对气流的干扰，影响排烟效果。尤其是在排烟时，自然排烟口还可能会在机械排烟系统动作后变成进风口，使其失去排烟作用，故不选 C。根据该标准第 4.4.2 条规定，建筑高度超过 50 m 的公共建筑和建筑高度超过 100 m 的住宅，其排烟系统应竖向分段独立设置，且公共建筑每段高度不应超过 50 m，住宅建筑每段高度不应超过 100 m，故不选 D。

51. C 服装加工厂房为丙类厂房，根据《建筑设计防火规范》第3.3.1条规定，丙类厂房地下部分的耐火等级最低为二级，故选 C。

52. D 根据《自动喷水灭火系统设计规范》第8.0.1条规定，配水管道的工作压力不应大于 1.20 MPa，并不应设置其他用水设施，故不选 A。根据该规范第8.0.2条规定，配水管道可采用内外壁热镀锌钢管、涂覆钢管、铜管、不锈钢管和氯化聚氯乙烯管。当报警阀入口前管道采用不防腐的钢管时，应在报警阀前设置过滤器。故不选 B、C。根据该规范第8.0.6条规定，系统中直径等于或大于 100 mm 的管道，应分段采用法兰或沟槽式连接件（卡箍）连接。水平管道上法兰间的管道长度不宜大于 20 m；立管上法兰间的距离，不应跨越 3 个及以上楼层。净空高度大于 8 m 的场所内，立管上应有法兰，故选 D。

53. B 根据《建筑设计防火规范》第5.1.1条规定可知，该建筑为高层民用建筑。根据该规范第5.3.1条规定，高层民用建筑的防火分区最大允许建筑面积为 1 500 m²；当建筑内设置自动灭火系统时，防火分区面积可增加 1 倍，至 3 000 m²。根据《汽车库、修车库、停车场设计防火规范》第5.1.1条、第5.1.2条规定，一、二级耐火等级的建筑，地下汽车库防火分区的最大允许建筑面积为 2 000 m²；设置自动灭火系统的汽车库，其每个防火分区的最大允许建筑面积不应大于规定的 2 倍，即 4 000 m²，故选 B。

54. B 根据《消防给水及消火栓系统技术规范》第12.3.7条规定，市政和室外消火栓安装位置应符合设计要求，且不应妨碍交通，在易碰撞的地点应设置防撞设施。检查数量：按数量抽查 30%，但不应小于 10 个。检查方法：核实设计图、核对产品的性能检验报告、直观检查，故选 B。

55. D　根据《建筑设计防火规范》第 3.1.1 条规定，电视机装配厂房、饲料加工厂房属于丙类厂房；农药厂乐果厂房属于甲类厂房；酚醛泡沫塑料加工厂房属于丁类厂房。根据该规范第 3.3.1 条规定，设置了自动灭火系统的一级耐火等级的电视机装配多层厂房，防火分区最大允许建筑面积应为 12 000 m^2，故不选 A。未设置自动灭火系统的二级耐火等级的农药厂乐果单层厂房，防火分区最大允许建筑面积应为 3 000 m^2，故不选 B。设置了自动灭火系统的二级耐火等级的单、多层饲料加工厂，防火分区最大允许建筑面积分别应为 16 000 m^2、8 000 m^2，故不选 C。四级耐火等级的丁、戊类厂房只能为单层，故选 D。

56. C　根据《建筑灭火器配置设计规范》附录 E 中关于不相容的灭火剂举例：

灭火剂类型	不相容的灭火剂	
干粉与干粉	磷酸铵盐	碳酸氢钠、碳酸氢钾
干粉与泡沫	碳酸氢钠、碳酸氢钾	蛋白泡沫
泡沫与泡沫	蛋白泡沫、氟蛋白泡沫	水成膜泡沫

故选 C。

57. B　根据《建筑设计防火规范》第 3.3.6 条规定，厂房内设置中间仓库时，丁、戊类中间仓库应采用耐火极限不低于 2.00 h 的防火隔墙和 1.00 h 的楼板与其他部位分隔。

58. D　根据《火灾自动报警系统施工及验收标准》第 3.3.19 条规定，消防应急广播扬声器、火灾警报器、喷洒光警报器、气体灭火系统手动与自动控制状态显示装置的安装，应符合下列规定：（1）扬声器和火灾声警报装置宜在报警区域内均匀安装，扬声器在走道内安装时，距走道末端的距离不应大于 12.5 m。（2）火灾光警报装置应安装在楼梯口、消防电梯前室、建筑内部拐角等处的明显部位，且不宜与消防应急疏散指示标志灯具安装在同一面墙上，确需安装在同一面墙上时，距离不应小于 1 m。（3）气体灭火系统手动与自动控制状态显示装置应安装在防护区域内的明显部位，喷洒光警报器应安装在防护区域外，且应安装在出口门的上方。（4）采用壁挂方式安装时，底边距地面高度应大于 2.2 m，故选 D。

59. B 根据《建筑设计防火规范》第 3.1.3 条规定，金属钠仓库属于甲类 4 项物品仓库。根据该规范第 3.3.2 条规定，甲类 4 项物品单层仓库，每个防火分区最大允许建筑面积为 60 m^2，设置自动灭火系统可增加至 120 m^2。但根据该规范第 3.8.2 条规定，每座仓库的安全出口不应少于 2 个。仓库内每个防火分区通向疏散走道、楼梯或室外的出口不宜少于 2 个，当防火分区的建筑面积不大于 100 m^2 时，可设置 1 个出口。因此，至少应划分为 4 个防火分区。

60. C 根据《社会单位灭火和应急疏散预案编制及实施导则》第 6.5.1 条规定，单位分区平面图应反映总平面图内某消防安全重点部位灭火和应急疏散战斗行动部署情况，主要包括消防安全重点部位的平面布局，标明周围环境、消防水源、各种灭火器材数量的分布，以及水带铺设路线和人员物资疏散路线等。题干中的第（3）项属于单位剖面图采用的资料，故选 C。

61. C 根据《建筑防火封堵应用技术标准》第 6.3.2 条规定，建筑缝隙防火封堵的材料选用、构造做法等应符合设计和施工要求。（1）应检查防火封堵的外观。检查数量：全数检查。检查方法：直观检查有无脱落、变形、开裂等现象。（2）应检查防火封堵的宽度。检查数量：每个防火分区抽查建筑缝隙封堵总数的 20%，且不少于 5 处，每处取 5 个点。当同类型防火封堵少于 5 处时，应全部检查。检查方法：直尺测量缝隙封堵的宽度，取 5 个点的平均值。故不选 B。（3）应检查防火封堵的深度。检查数量：每个防火分区抽查建筑缝隙封堵总数的 20%，且不少于 5 处，每处现场取样 5 个点。当同类型防火封堵少于 5 处时，应全部检查。检查方法：游标卡尺测量取样的材料厚度。（4）应检查防火封堵的长度。检查数量：每个防火分区抽查建筑缝隙封堵总数的 20%，且不少于 5 处，每处现场取样 5 个点。当同类型防火封堵少于 5 处时，应全部检查。检查方法：直尺或卷尺测量封堵部位的长度。故不选 A。根据该标准第 6.3.3 条规定，检查贯穿孔口防火封堵的宽度时，每个防火分区抽查贯穿孔口封堵总数的 30%，且不少于 5 处，每处取 3 个点。当同类型防火封堵少于 5 个时，应全部检查。故不选 D。检查贯穿孔口防火封堵的深度时，每个防火分区抽查贯穿孔口封堵总数的 30%，且不少于 5 处，每处取 3 个点。当同类型防火封堵少于 5 处时，应全部检查。故选 C。

62. D 根据《建筑防烟排烟系统技术标准》第 4.2.4 条规定，公共建筑、工业建筑防烟分区的最大允许面积及其长边最大允许长度应符合下表的规定，当工业建筑采用自然排烟系统时，其防烟分区的长边长度不应大于建筑内空间净高的 8 倍。

空间净高 H/m	最大允许面积 /m^2	长边最大允许长度
$H \leqslant 3.0$	500	24 m
$3.0 < H \leqslant 6.0$	1 000	36 m
$H > 6.0$	2 000	60 m；具有自然对流条件时，不应大于 75 m

注：（1）公共建筑、工业建筑中的走道宽度不大于 2.5 m 时，其防烟分区的长边长度不应大于 60 m。
（2）当空间净高大于 9 m 时，防烟分区之间可不设置挡烟设施。
（3）汽车库防烟分区的划分及其排烟量应符合现行国家规范《汽车库、修车库、停车场设计防火规范》GB 50067 的相关规定。

该厂房采用自然排烟系统，其长边最大允许长度为 32 m。

63. A 根据《火灾自动报警系统设计规范》第 3.4.8 条规定，

消防控制室内设备的布置应符合下列规定：（1）设备面盘前的操作距离，单列布置时不应小于1.5 m，双列布置时不应小于2 m。（2）在值班人员经常工作的一面，设备面盘至墙的距离不应小于3 m，故不选B。（3）设备面盘后的维修距离不宜小于1 m，故不选C。（4）设备面盘的排列长度大于4 m时，其两端应设置宽度不小于1 m的通道，故不选D。

64. B　根据《建筑设计防火规范》第3.1.3条规定，储存液氯的仓库属于乙类5项物品仓库。

65. D　根据《建筑防烟排烟系统技术标准》第8.2.5条规定，机械防烟系统的验收方法及要求应符合下列规定：（1）选取送风系统末端所对应的送风最不利的3个连续楼层模拟起火层及其上下层，封闭避难层（间）仅需选取本层，测试前室及封闭避难层（间）的风压值及疏散门的门洞断面风速值，应分别符合规定，且偏差不大于设计值的10%。（2）对楼梯间和前室的测试应单独分别进行，且互不影响。（3）测试楼梯间和前室疏散门的门洞断面风速时，应同时开启3个楼层的疏散门。根据该标准第8.2.6条规定，机械排烟系统性能验收时，开启任一防烟分区的全部排烟口，风机启动后测试排烟口处的风速，风速、风量应符合设计要求且偏差不大于设计值的10%，故不选B。

66. B　根据《建筑设计防火规范》第3.1.1条规定，铝合金冷加工厂房属于戊类厂房。结合该规范第3.3.5条规定，办公室可以设置在戊类厂房内，故不选A。根据该规范第3.1.3条规定，储存的润滑油属于丙类液体，又根据该规范第3.3.7条规定，厂房内的丙类液体中间储罐应设置在单独房间内，其容量不应大于5 m^3；设置中间储罐的房间，应采用耐火极限不低于3.00 h的防火隔墙和1.50 h的楼板与其他部位分隔，房间门应采用甲级防火门，故选B。根据该规范第3.3.6条规定，厂房内设置中间仓库时，丁、戊类中间仓库应采用耐火极限不低于2.00 h的防火隔墙和耐火极限不低于1.00 h的楼板与其他部位分隔，故不选C。根据该规范第6.2.7条规定，设置在丁、戊类厂房内的通风机房，应采用耐火极限不低于1.00 h的防火隔墙和耐火极限不低于0.50 h的楼板与其他部位分隔，故不选D。

  67．C　根据《火灾自动报警系统设计规范》第4.8.1条规定，火灾自动报警系统应设置火灾声光警报器，并应在确认火灾后启动建筑内的所有火灾声光警报器，故不选A。根据该规范第6.5.2条规定，每个报警区域内应均匀设置火灾警报器，其声压级不应小于60 dB，故不选B。根据该规范第4.8.2条规定，设置消防联动控制器的火灾自动报警系统，火灾声光警报器应由火灾报警控制器或消防联动控制器控制，故选C。根据该规范第4.8.3条规定，学校、工厂等各类日常使用电铃的场所，不应使用警铃作为火灾声警报器，故不选D。

  68．B　公平竞争是促进注册消防工程师行业发展的动力。

  69．C　根据《消防应急照明和疏散指示系统技术标准》第3.3.7条规定，灯具采用自带蓄电池供电，沿电气竖井垂直方向为不同楼层的灯具供电时，应急照明配电箱的每个输出回路在公共建筑中的供电范围不宜超过8层，在住宅建筑的供电范围不宜超过18层。

  70．D　根据《泡沫灭火系统技术标准》第9.3.19条规定，管道安装完毕应进行水压试验，并应符合下列规定：（1）试验应采用清水进行，试验时环境温度不应低于5 ℃，当环境温度低于5 ℃时，应采取防冻措施。（2）试验压力应为设计压力的1.5倍。（3）试验前应将泡沫产生装置、泡沫比例混合器（装置）隔离。（4）试验合格后，应按标准进行记录。检查数量：全数检查。检查方法：管道充满水，排净空气，用试压装置缓慢升压，当压力升至试验压力后稳压 10 min，管道无损坏、变形，再将试验压力降至设计压力，稳压 30 min，以压力不降、无渗漏为合格，故选 D。

71. C 根据《气体灭火系统设计规范》第 3.2.4 条规定，防护区划分应符合下列规定：（1）防护区宜以单个封闭空间划分；同一区间的吊顶层和地板下需同时保护时，可合为一个防护区。（2）采用管网灭火系统时，一个防护区的面积不宜大于 800 m^2，且容积不宜大于 3 600 m^3。（3）采用预制灭火系统时，一个防护区的面积不宜大于 500 m^2，且容积不宜大于 1 600 m^3。根据该条规定，不宜以两个或两个以上封闭空间划分防护区，即使它们所采用的灭火设计浓度相同，甚至有部分连通，也不宜那样去做。这是因为在极短的灭火剂喷放时间里，两个及两个以上空间难于实现灭火剂浓度的均匀分布，会延误灭火时间。或造成灭火失败，故选 C。

72. D 根据《建筑内部装修设计防火规范》第 3.0.4 条规定，安装在金属龙骨上燃烧性能等级达到 B_1 级的纸面石膏板、矿棉吸声板，可作为 A 级装修材料使用，故不选 A。根据该规范第 3.0.5 条规定，单位面积质量小于 300 g/m^2 的纸质、布质壁纸，当直接粘贴在 A 级基材上时，可作为 B_1 级装修材料使用。混凝土墙是 A 级基材，故不选 B。根据该规范第 3.0.6 条规定，施涂于 A 级基材上的无机装修涂料，可作为 A 级装修材料使用，故选 D。施涂于 A 级基材上，湿涂覆比小于 1.5 kg/m^2，且涂层干膜厚度不大于 1.0 mm 的有机装修涂料，可作为 B_1 级装修材料使用，故不选 C。

73. C 根据《建筑防烟排烟系统技术标准》第 4.2.1 条规定，设置排烟系统的场所或部位应采用挡烟垂壁、结构梁及隔墙等划分防烟分区，故不选 A；防烟分区不应跨越防火分区，故不选 B。根据该标准第 4.2.2 条规定，对于有吊顶的空间，当吊顶开孔不均匀或开孔率小于或等于 25% 时,吊顶内空间高度不得计入储烟仓厚度,故选 C。根据该标准第 4.2.3 条规定,设置排烟设施的建筑内,敞开楼梯和自动扶梯穿越楼板的开口部应设置挡烟垂壁等设施,故不选 D。

74. B 根据《细水雾灭火系统技术规范》第 3.1.3 条规定,细水雾灭火系统选型应符合下列规定:(1)液压站、配电室、电缆隧道、电缆夹层、电子信息系统机房、文物库,以及密集柜存储的图书库、资料库和档案库,宜选择全淹没应用方式的开式系统。(2)油浸变压器室、涡轮机房、柴油发电机房、润滑油站和燃油锅炉房、厨房内烹饪设备及其排烟罩和排烟管道部位,宜采用局部应用方式的开式系统。(3)采用非密集柜储存的图书库、资料库和档案库,可选择闭式系统。根据该规范第 3.1.4 条规定,细水雾灭火系统宜选用泵组系统、闭式系统不应采用瓶组系统,故选 B。

75. C 根据《火灾自动报警系统施工及验收标准》第 3.3.8 条规定,分布式线型光纤感温火灾探测器的感温光纤不应打结,光纤弯曲时,弯曲半径应大于 50 mm,每个光通道配接的感温光纤的始端及末端应各设置不小于 8 m 的余量段。

76. A 根据《气体灭火系统施工及验收规范》附录 E.1.3 规定,当水压强度试验条件不具备时,可采用气压强度试验代替。气压强度试验压力取值:二氧化碳灭火系统取 80% 水压强度试验压力,IG541 混合气体灭火系统取 10.5 MPa,卤代烷 1301 灭火系统和七氟丙烷灭火系统取 1.15 倍最大工作压力。

77. C 根据《自动喷水灭火系统施工及验收规范》第 9.0.6 条规定,报警阀检查应符合以下规定。

阀类名称	检查内容	周期
湿式报警阀	主阀锈蚀状况，各个部件连接处无渗漏现象，主阀前后压力表读数准确及两表压差符合要求（小于 0.01 MPa），延时装置排水畅通，压力开关动作灵活并迅速反馈信号，主阀复位到位，警铃动作灵活、铃声洪亮，排水系统排水畅通	每月
预作用报警阀和干式报警阀	检查符合湿式报警阀内容外，另应检查充气装置启停准确，充气压力值符合设计要求，加速排气压装置排气速度正常，电磁阀动作灵敏，主阀瓣复位严密，主阀侧腔（控制腔）锁定到位，阀前稳压值符合设计要求（不得小于 0.25 MPa）	每月
雨淋报警阀	检查符合湿式报警阀内容外，另应检查电磁阀动作灵敏，主阀瓣复位严密，主阀侧腔（控制腔）锁定到位，阀前稳压值符合设计要求（不得小于 0.25 MPa）	每月

故选 C。

78. A 根据《消防给水及消火栓系统技术规范》第 7.1.6 条规定，干式消火栓系统的充水时间不应大于 5 min（故不选 C），并应符合下列规定：（1）在供水干管上宜设干式报警阀、雨淋阀或电磁阀、电动阀等快速启闭装置，当采用电动阀时开启时间不应超过 30 s。（2）当采用雨淋阀、电磁阀和电动阀时，在消火栓箱处应设置直接开启快速启闭装置的手动按钮。（3）在系统管道的最高处应设置快速排气阀。根据该规范第 11.0.19 条规定，消火栓按钮不宜作为直接启动消防水泵的开关，但可作为发出报警信号的开关或启动干式消火栓系统的快速启闭装置等，故选 A。

79. D 根据《建筑设计防火规范》第 5.5.24 条规定，高层病房楼应在二层及以上的病房楼层和洁净手术部设置避难间，故不选 A。避难间应符合下列规定：（1）避难间服务的护理单元不应超过

2个,其净面积应按每个护理单元不小于25.0 m²确定。(2)应靠近楼梯间,并应采用耐火极限不低于2.00 h的防火隔墙和甲级防火门与其他部位分隔。(3)应设置直接对外的可开启窗口或独立的机械防烟设施,外窗应采用乙级防火窗。故选D。

80. C 根据《建筑设计防火规范》第6.7.3条规定,建筑外墙采用保温材料与两侧墙体构成无空腔复合保温结构体时,该结构体的耐火极限应符合规定;当保温材料的燃烧性能等级为B_1、B_2级时,保温材料两侧的墙体应采用不燃材料且厚度均不应小于50 mm,故不选A。根据该规范第6.7.2条规定,建筑外墙采用内保温系统时,保温系统应采用不燃材料做防护层。采用燃烧性能等级为B_1级的保温材料时,防护层的厚度不应小于10 mm,故不选B。根据该规范第6.7.10条规定,当建筑的屋面和外墙外保温系统均采用B_1、B_2级保温材料时,屋面与外墙之间应采用宽度不小于500 mm的不燃材料设置防火隔离带进行分隔,故不选D。根据该规范第6.7.8条规定,建筑的外墙外保温系统应采用不燃材料在其表面设置防护层,防护层应将保温材料完全包覆。除上述第6.7.3条规定的情况外,当按规定采用B_1、B_2级保温材料时,防护层厚度首层不应小于15 mm,其他层不应小于5 mm,故选C。

二、多项选择题(共20题,每题2分。每题的备选项中,有2个或2个以上符合题意,至少有1个错项。错选,本题不得分;少选,所选的每个选项得0.5分)

81. ACDE 与一般的职业道德相比,注册消防工程师职业道德具有以下特点:(1)具有执行消防法规标准的原则性。(2)具有维护社会公共安全的责任性。(3)具有高度的服务性。(4)具有与社会经济联系的密切性。

82. ABCD 根据消防安全重点单位的"三项报告"备案制

度，消防安全重点单位依法确定的消防安全责任人、消防安全管理人、专（兼）职消防管理员、消防控制室值班操作人员等，自确定或者变更之日起5个工作日内，应向当地消防救援机构报告备案。

83. AD　根据《重大火灾隐患判定方法》第6部分直接判定要素的规定，公共娱乐场所、商店、地下人员密集场所的安全出口数量不足或其总净宽度小于国家工程建设消防技术标准规定值的80%，属于直接判定要素，故选A。旅馆、公共娱乐场所、商店、地下人员密集场所未按国家工程建设消防技术标准的规定设置自动喷水灭火系统或火灾自动报警系统，属于直接判定要素，故选D。根据该规范第7.4.6条规定，已设置的自动喷水灭火系统或其他固定灭火设施不能正常使用或运行，属于综合判定要素，故不选B。根据该规范第7.4.3条规定，未按国家工程建设消防技术标准的规定设置室内消火栓系统，或已设置但不符合标准的规定或不能正常使用，故不选C。根据该规范第7.3.2条规定，人员密集场所内疏散楼梯间的设置形式不符合国家工程建设消防技术标准的规定，属于综合判定要素，故不选E。

84. BCDE　根据《机关、团体、企业、事业单位消防安全管理规定》第十八条规定，单位消防安全制度主要包括以下内容：消防安全教育、培训；防火巡查、检查；安全疏散设施管理；消防（控制室）值班；消防设施、器材维护管理；火灾隐患整改；用火、用电安全管理；易燃易爆危险物品和场所防火防爆；专职和志愿消防队的组织管理；灭火和应急疏散预案演练；燃气和电气设备的检查和管理（包括防雷、防静电）；消防安全工作考评和奖惩；其他必要的消防安全内容。

85. AD　根据《建筑设计防火规范》第3.1.1条和第3.1.3条规定，甘油制备厂房属于丙类厂房，铆焊车间、燃气锅炉房属于丁类厂房；漂白粉仓库属于乙类仓库；56度白酒瓶装成品库属于甲类仓库。根据该规范第3.2.3条规定，单、多层丙类厂房和多层丁、戊类厂房的耐火等级不应低于三级，故选A。使用或产生丙类液体的厂房和有火花、赤热表面、明火的丁类厂房，其耐火等级均不应低于二级；当为建筑面积不大于500 m² 的单层丙类厂房或建筑面积不大于1 000 m² 的单层丁类厂房时，可采用三级耐火等级的建筑，故不选B。根据该规范第3.2.5条规定，锅炉房的耐火等级不应低于二级，当为燃煤锅炉房且锅炉的总蒸发量不大于4 t/h时，可采用三级耐火等级的建筑，故不选C。根据该规范第3.2.7条规定，高架仓库、高层仓库、甲类仓库、多层乙类仓库和储存可燃液体的多层丙类仓库，其耐火等级不应低于二级，故不选E；单层乙类仓库，单层丙类仓库，储存可燃固体的多层丙类仓库和多层丁、戊类仓库，其耐火等级不应低于三级，故选D。

86. BCE　根据《建筑设计防火规范》第3.2.1条规定，如无特殊规定，二级耐火等级的厂房（仓库）的柱，应采用耐火极限不低于2.50 h的不燃材料，故不选A。根据该规范第3.2.14条规定，二级耐火等级多层厂房和多层仓库内采用预应力钢筋混凝土的楼板，其耐火极限不应低于0.75 h，故选B。根据该规范第3.2.12条规定，除甲、乙类仓库和高层仓库外，一、二级耐火等级建筑的非承重外墙，当采用难燃性墙体时，耐火极限不应低于0.50 h，故选C。根据该规范第3.2.16条规定，一、二级耐火等级厂房（仓库）的屋面板应采用不燃材料，故不选D。根据该规范第3.2.11条规定，采用自动喷水灭火系统全保护的一级耐火等级单、多层厂房（仓库）的屋顶承重构件，其耐火极限不应低于1.00 h，题干中建筑为二级耐火等级多层厂房，更没有问题，故选E。

87. BDE　根据《建筑设计防火规范》第5.1.1条和第5.2.2条规定，建筑高度32 m、每层建筑面积800 m² 的商店为二类高层民用建筑，与耐火等级二级的多层民用建筑的防火间距不应小于9 m。根据该规范第5.2.2条规定，相邻两座单、多层建筑，当相邻外墙为不燃性墙体且无外露的可燃性屋檐，每面外墙上无防火保护的门、窗、洞口不正对开设且该门、窗、洞口的面积之和不大于外墙面积的5%时，其防火间距可按规定减少25%。因此，只有两个建筑均为单、多层时，才有调整洞口面积而缩减防火间距的规定，本题中有一座建筑为高层，故无法满足该规定，故不选A。同时，两座建筑防火间距不应小于9 m的规定，限定在耐火等级至少为二级，因此，提高耐火等级无法缩减防火间距，故不选C。两座建筑相邻较高一面外墙为防火墙，或高出相邻较低一座一、二级耐火等级建筑的屋面15 m及以下范围内的外墙为防火墙时，其防火间距不限。选项B中将较高的商店相邻办公楼一侧外墙改造为防火墙，可使防火间距不限，故选B。相邻两座建筑中较低一座建筑的耐火等级不低于二级，相邻较低一面外墙为防火墙且屋顶无天窗，屋顶的耐火极限不低于1.00 h时，其防火间距不应小于3.5 m；对于高层建筑，不应小于4 m。选项D中将办公楼相邻商店建筑一侧外墙改为防火墙，提高办公楼屋顶耐火极限至1.00 h，且办公楼屋顶无天窗，故防火间距可缩减至4 m，满足要求，故选D。

88. ACDE　根据《建筑设计防火规范》第5.4.11条规定，设置商业服务网点的住宅建筑，其居住部分与商业服务网点之间应采用耐火极限不低于2.00 h且无门、窗、洞口的防火隔墙和耐火极限不低于1.50 h的不燃性楼板完全分隔；商业服务网点中每个分隔单元之间应采用耐火极限不低于2.00 h且无门、窗、洞口的防火隔墙相互分隔，故选A、C，不选B。选项D中，商店网点中任一点至最近直通室外出口的直线距离最大为22×1.25=27.5（m），小于30 m，故选D。根据该规范第2.1.4条规定，商业服务网点是指设置在住宅建筑的首层或首层及二层，每个分隔单元建筑面积不大于300 m^2的商店、邮政所、储蓄所、理发店等小型营业性用房。选项E中的网吧，属于歌舞娱乐场所，不属于商业服务网点，故选 E。

89. BE　根据《建筑设计防火规范》第 6.1.3 条规定，建筑外墙为难燃性或可燃性墙体时，防火墙应凸出墙的外表面 0.4 m 以上，且防火墙两侧的外墙均应为宽度均不小于 2.0 m 的不燃性墙体，其耐火极限不应低于外墙的耐火极限。建筑外墙为不燃性墙体时，防火墙可不凸出墙的外表面，紧靠防火墙两侧的门、窗、洞口之间最近边缘的水平距离不应小于 2.0 m；采取设置乙级防火窗等防止火灾水平蔓延的措施时，该距离不限。故不选 A，选 B。根据该规范第 6.1.5 条规定，可燃气体和甲、乙、丙类液体的管道严禁穿过防火墙，故不选 C。根据该规范第 6.1.1 条规定，防火墙应直接设置在建筑的基础或框架、梁等承重结构上，故不选 D；防火墙应从楼地面基层隔断至梁、楼板或屋面板的底面基层，故选 E。

90. ABDE　根据《建筑设计防火规范》第 6.5.3 条规定，防火分隔部位设置防火卷帘，除中庭外，当防火分隔部位的宽度不大于 30 m 时，防火卷帘的宽度不应大于 10 m；当防火分隔部位的宽度大于 30 m 时，防火卷帘的宽度不应大于该部位宽度的 1/3，且不应大于 20 m。本题中防火分隔总宽度为 57 m，防火卷帘 20 m 超过了其 1/3，故选 A。防火卷帘应具有火灾时靠自重自动关闭功能，故防火卷帘不能水平设置，故选 B。根据该规范第 6.5.1 条规定，设置在建筑内经常有人通行处的防火门宜采用常开防火门。常开防火门应能在火灾时自行关闭，并应具有信号反馈的功能，故不选 C。设置在建筑变形缝附近时，防火门应设置在楼层较多的一侧，并应保证防火门开启时门扇不跨越变形缝。该建筑的局部 7 层为楼层较多的部分，故选 D。

根据《防火卷帘、防火门、防火窗施工及验收规范》第 6.2.2 条规定，防火卷帘用卷门机调试时，卷门机应具有电动启闭和依靠防火卷帘自重恒速下降（手动速放）的功能。启动防火卷帘自重下降（手动速放）的臂力不应大于 70 N，故选 E。

91. ABCD 根据《建筑设计防火规范》第 7.1.2 条规定，高层民用建筑，超过 3 000 个座位的体育馆，超过 2 000 个座位的会堂，占地面积大于 3 000 m² 的商店建筑、展览建筑等单、多层公共建筑应设置环形消防车道，确有困难时，可沿建筑的两个长边设置消防车道；对于高层住宅建筑和山坡地或河道边临空建造的高层民用建筑，可沿建筑的一个长边设置消防车道，但该长边所在建筑立面应为消防车登高操作面。故选 A、D。根据该规范第 7.1.3 条规定，工厂、仓库区内应设置消防车道；高层厂房，占地面积大于 3 000 m² 的甲、乙、丙类厂房和占地面积大于 1 500 m² 的乙、丙类仓库，应设置环形消防车道，确有困难时，应沿建筑的两个长边设置消防车道。故选 B、C，不选 E。

92. BDE 根据《消防给水及消火栓系统技术规范》第 12.4.1 条规定，消防给水及消火栓系统试压和冲洗时，强度试验和严密性试验宜用水进行。干式消火栓系统应做水压试验和气压试验。故选 B，不选 A。根据《自动喷水灭火系统施工及验收规范》第 6.1.2 条规定，强度试验和严密性试验宜用水进行。干式喷水灭火系统、预作用喷水灭火系统应做水压试验和气压试验，故选 D、E，不选 C。

93. CD 根据《消防给水及消火栓系统技术规范》第 13.2.6 条规定，消防水泵验收时，消防水泵应采用自灌式引水方式，并应保证全部有效储水被有效利用，故不选 A。根据该规范第 5.1.12 条规定，消防水泵从市政管网直接抽水时，应在消防水泵出水管上设置有空气隔断的倒流防止器，故不选 B。根据该规范第 5.1.9 条规定，轴流深井泵宜安装于水井、消防水池和其他消防水源上，当消防水池最低水位低于离心水泵出水管中心线或水源水位不能保证离心水泵吸水时，可采用轴流深井泵，并应采用湿式深坑的安装方式安装于消防水池等消防水源上，故选 C。根据该规范第 5.1.10 条规定，消防水泵应设置备用泵，其性能应与工作泵性能一致，但下列建筑除外：(1) 建筑高度小于 54 m 的住宅和室外消防给水设计流量小于等于 25 L/s 的建筑。(2) 室内消防给水设计流量小于等于 10 L/s 的建筑，故选 D。根据该规范第 5.1.11 条规定，一组消防水泵应在消防水泵房内设置流量和压力测试装置，每台消防水泵出水管上应设置 DN65 的试水管，并应采取排水措施，故不选 E。

94. AE 根据《消防给水及消火栓系统技术规范》第 5.4.6 条规定，消防给水为竖向分区供水时，在消防车供水压力范围内的分区，应分别设置水泵接合器；根据该规范第 5.4.9 条规定，水泵接合器处应设置永久性标志铭牌，并应标明供水系统、供水范围和额定压力，故选 A。根据该规范第 5.4.7 条规定，水泵接合器应设在室外便于消防车使用的地点，且距室外消火栓或消防水池的距离不宜小于 15 m，并不宜大于 40 m，故不选 B。根据该规范第 5.4.8 条规定，墙壁水泵接合器的安装高度距地面宜为 0.7 m；与墙面上的门、窗、孔、洞的净距离不应小于 2 m，且不应安装在玻璃幕墙下方；地下水泵接合器的安装，应使进水口与井盖底面的距离不大于 0.4 m，且不应小于井盖的半径。故不选 C、D，选 E。

95. ADE 具有延迟功能的水流指示器，桨片动作后报警延迟时间应在 2 ~ 90 s 范围内，且不可调节，故不选 B。根据《自动喷水灭火系统施工及验收规范》第 8.0.7 条规定，报警阀组验收测试时，水力警铃喷嘴处压力不应小于 0.05 MPa，且距水力警铃 3 m 远处警铃声声强不应小于 70 dB，故选 A、D。打开末端试（放）水装置，当流量达到报警阀动作流量时，湿式报警阀和压力开关应及时动作，带延迟器的报警阀应在 90 s 内压力开关动作，不带延迟器的报警阀应在 15 s 内压力开关动作，故不选 C。根据该规范第 8.0.6 条规定，消防水泵验收过程中，湿式自动喷水灭火系统的最不利点做末端放水试验时，自放水开始至消防水泵启动时间不应超过

5 min，故选 E。

96. ACD　根据《自动喷水灭火系统设计规范》第 6.1.3 条规定，湿式系统的洒水喷头选型应符合下列规定：（1）住宅建筑和宿舍、公寓等非住宅类居住建筑宜采用家用喷头。（2）不宜选用隐蔽式洒水喷头；确需采用时，应仅适用于轻危险级和中危险级 I 级场所。根据该规范附录 A 规定，高层办公楼属于中危险级 I 级场所，故选 A。某学校的教职工宿舍宜采用家用喷头，故选 D。净空高度 12 m 的会展中心，应采用快速响应喷头，响应时间指数 RTI≤50（m·s）$^{0.5}$，故不选 B。根据该规范第 6.1.6 条规定，自动喷水防护冷却系统可采用边墙型洒水喷头，故选 C。根据该规范第 6.1.4 条规定，干式系统、预作用系统应采用直立型洒水喷头或下垂型洒水喷头。干式下垂型喷头为 ZSTGX，ZSTX 为下垂型喷头，故不选 E。

97. ACE　根据《自动喷水灭火系统设计规范》第 6.5.1 条规定，每个报警阀组控制的最不利点洒水喷头处应设末端试水装置，其他防火分区、楼层均应设直径为 25 mm 的试水阀，故选 E。根据该规范第 6.5.2 条规定，末端试水装置应由试水阀、压力表和试水接头组成。试水接头出水口的流量系数，应等同于同楼层或防火分区内的最小流量系数洒水喷头，故选 A。末端试水装置的出水，应采取孔口出流的方式排入排水管道，排水立管宜设伸顶通气管，且管径不应小于 75 mm，故选 C，不选 D。根据该规范第 6.5.3 条规定，末端试水装置和试水阀应有标识，距地面的高度宜为 1.5 m，故不选 B。

98. DE　根据《自动喷水灭火系统设计规范》第 8.0.3 条规定，自动喷水灭火系统采用氯化聚氯乙烯管材及管件时，设置场所的火灾危险等级应为轻危险级或中危险级 I 级，系统应为湿式系统，并采用快速响应洒水喷头，故不选 A、B，选 D。氯化聚氯乙烯管材及管件应符合下列要求：（1）应用于公称直径不超过 DN80 的配水管及配水支管,且不应穿越防火分区。(2)当设置在无吊顶场所时,该场所应为轻危险级场所,顶板应为水平、光滑顶板,且喷头溅水盘与顶板的距离不应大于 100 mm,故不选 C,选 E。

99. BCE 根据《泡沫灭火系统技术标准》第 9.4.18 条规定,泡沫灭火系统的调试应符合下列规定:(1)低倍数泡沫灭火系统按规定喷水试验完毕,将水放空后进行喷泡沫试验;当为自动灭火系统时,应以自动控制的方式进行;喷射泡沫的时间不宜小于 60 s。检查数量:选择最远的防护区或储罐,进行一次试验。(2)中倍数、高倍数泡沫灭火系统按规定喷水试验完毕,将水放空后进行喷泡沫试验;当为自动灭火系统时,应以自动控制的方式对防护区进行喷泡沫试验,喷射泡沫的时间不宜小于 30 s。检查数量:全数检查。故选 B、C、E。

100. BDE 根据《火灾自动报警系统设计规范》第 6.2.4 条规定,在宽度小于 3 m 的内走道顶棚上设置点型探测器时,宜居中布置。感烟火灾探测器的安装间距不应超过 15 m。选项 A 应该至少有 5 只,故不选 A。根据该规范第 6.2.8 条规定,点型探测器至空调送风口边的水平距离不应小于 1.5 m,并宜接近回风口安装,故选 B。根据该规范第 6.2.2 条规定,建筑房间高度不大于 6 m、占地面积大于 80 m^2 时,作为高层办公楼二层,感烟火灾探测器保护面积不应超过 60 m^2,故选项 C 至少应安装 4 只。根据该规范第 6.2.5 条规定,点型探测器至墙壁、梁边的水平距离,不应小于 0.5 m,故选 D。根据该规范第 6.2.11 条规定,点型探测器宜水平安装。当倾斜安装时,倾斜角不应大于 45°,故选 E。

图书在版编目（CIP）数据

消防安全技术综合能力考前冲刺试卷：2023年版/注册消防工程师资格考试辅导用书编委会编．--北京：中国劳动社会保障出版社，2023

注册消防工程师资格考试辅导用书

ISBN 978-7-5167-5884-7

Ⅰ．①消… Ⅱ．①注… Ⅲ．①消防－安全技术－资格考试－习题集 Ⅳ．①TU998.1-44

中国国家版本馆CIP数据核字（2023）第056542号

中国劳动社会保障出版社出版发行

（北京市惠新东街1号　邮政编码：100029）

*

三河市潮河印业有限公司印刷装订　　新华书店经销

880毫米×1230毫米　32开本　2.25印张　55千字

2023年5月第1版　　2023年5月第1次印刷

定价：**8.00元**

营销中心电话：400-606-6496　（010）64962347

中国人事考试图书网网址：https://rsks.class.com.cn

版权专有　　侵权必究

如有印装差错，请与本社联系调换：（010）81211666

我社将与版权执法机关配合，大力打击盗印、销售和使用盗版图书活动，敬请广大读者协助举报，经查实将给予举报者奖励。

举报电话：（010）64954652